张克群 著

# 外国古建筑小讲

化学工业出版社
·北京·

图书在版编目（CIP）数据

外国古建筑小讲 / 张克群著. -- 北京：化学工业出版社，2017.9
ISBN 978-7-122-30212-0

Ⅰ. ①外… Ⅱ. ①张… Ⅲ. ①古建筑 – 建筑艺术 – 国外 Ⅳ. ①TU-091

中国版本图书馆CIP数据核字（2017）第165667号

责任编辑：周天闻　龚风光　　　装帧设计：今亮后声 HOPESOUND pankouyugen@163.com · 胡振宇 王秋萍
责任校对：王鹏飞

出版发行：化学工业出版社（北京市东城区青年湖南街 13 号　邮政编码 100011）
印　　装：北京新华印刷有限公司
880mm × 1230mm 1/32　印张 $8^1/_2$　字数 200 千字
2019 年 12 月北京第 1 版第 1 次印刷

购书咨询：010-64518888　　　售后服务：010-64518899
网　　址：http : // www.cip.com.cn
凡购买本书，如有缺损质量问题，本社销售中心负责调换。

定　价：58.00 元

记得妈妈领着年幼的我和妹妹在颐和园长廊仰着头讲每幅画的意义，在每一座有对联的古老房子前面读那些抑扬顿挫的文字，在门厅回廊间让我们猜那些下马石和拴马桩的作用，并从那些静止的物件开始讲述无比生动的历史。

那些颓败但深蕴的历史告诉了我和妹妹世界之辽阔，人生之倏忽，而美之永恒。

妈妈从小告诉我们的许多话里，迄今最真切的一句就是这世界不止眼前的苟且，还有诗与远方——其实诗就是你心灵的最远处。

在我和妹妹长大的这么多年里，我们分别走遍了世界，但都没买过一尺房子。因为我们始终坚信诗与远方才是我们的家园。

妈妈生在德国，长在中国，现在住在美国，读书画画考察古建，颇有民国大才女林徽因之风（年轻时容貌也毫不逊色）。那时梁思成林徽因两先生在清华胜因院与我家比邻而居，妈妈最终听从梁先生建议读了清华建筑系而不是外公希望的外语系，从此对古建痴迷一生。并且中西建筑融会贯通，家学渊源又给了她对历史细部的领悟，因此才有了这本有趣的历史图画（我觉得她画的建筑不是工程意义上的，而是历史的影子）。我忘了这是妈妈写的第几本书了，反正她充满乐趣的写写画画总是如她乐观的性格一样情趣盎然，让人无法释卷。

妈妈从小教我琴棋书画，我学会了前三样并且以此谋生。第四样的笨拙导致我家迄今墙上的画全是妈妈画的。我喜欢她出人意表的随性创意，也让我在来家里的客人们面前常常很有面子——这画真有意思，谁画的？我妈画的！哈哈！

为妈妈的书写序想必是每个做儿女的无上骄傲，谢谢妈妈，在给了我生命，给了我生活的道路和理想后的很多年，又一次给了我做您儿子的幸福与骄傲。我爱你。

高晓松

如今，不少人生活的一个重要内容就是旅游。有时间了，四下里走走看看，满世界溜达溜达，感受中国的外国的历史、文化，也让自己的人生体验更加丰富。

旅游时，你想看什么呢？炼钢？织布？造飞机？恐怕这些东西别说你不感兴趣，就算感兴趣，人家也未必会让你看。跑了那么远，除了看风景外，恐怕看建筑是个主要内容吧。古代的，有历史意义的，或者现代的，奇形怪状的，都是许多人感兴趣的题目。

建筑是不会说话的。它不像音乐，作者要说什么，你大致能听出来个几成。建筑这东西，要是没人介绍，恐怕一般人就会走马观花，收获颇微了。有人说了：没关系，有导游啊！可导游不是专业的建筑师，他（她）知道的，大概不会有我多吧。就算他（她）很专业，你总不能全中国、全世界都去转转吧。年轻时有精力却没时间，老了有时间却又精力有限了，咋办？你说了：看书呗！太对了！我这书就是给这样的读者写的。没去过的、准备去的地儿，你可以拿它来预习；去过的地儿，复习复习；去不了的地方呢，看看书也能多长点儿知识嘛，对不对？

我是学建筑出身的。也曾在德国进修3年间，近距离感受不同风格的欧洲古代建筑和现代建筑。从年轻到现在，设计了一辈子各式各样的房子。可以说尽趴在图板上忙活了。直到退休后才腾出工夫来，东走走西看看，对学过的建筑加深认识，没学过的下马看花。然后，就有了跟大家分享自己收获的打算。于是，我把自己的所见、所思记录下来，就有了这本《外国古建筑小讲》，希望通过对外国建筑发展史的梳理，让普通读者对建筑这一人类文明的载体有一个大略的了解。

怎么个写法呢？尤其是对古代建筑，从哪儿下笔，如何安排？我上学时、工作后读过的各种建筑史的书籍，多半都是以时间为顺序，从原始人住土坑玩泥巴开始说起，一直写到现代。而且语气严肃得很，估计引不起诸位的兴趣。我当学生时听着都嫌枯燥，要不是有幻灯片可看，上课时经常会打盹（不好意思）。其实建筑和它们背后的故事是很有趣的。因此，我打算换个角度，连横带纵地写一写。“横”指的是不同类型的建筑，“纵”指的是从古至今。不但写建筑、画建筑，还写人、画人。

鉴于现存的各种建筑遍及世界各地，我的眼界和气力又实在有限，每一个建筑要想说全了，今生是没可能了，来世都难说。生怕有人看了本书后指责道：“嘿，某某名建筑你没写进去！”我这里事先打个预防针：这本书不是建筑学的专著，可算得是科普兼导游书吧。讲一点历史，谈些个建筑，说几个故事，画几张画儿。去繁就简，蜻蜓点水而已。

在有趣之中和我分享我所去过的，我所知道的建筑和历史，这就是我写这本书的宗旨。

说不定某人看完这本书，来了兴趣，自己或他的孩子将来也去学建筑。那我就又多了个小师弟或师妹，还是在我的影响下。哈，这多好。

目录

# 概说

所谓外国，就是除中国以外的一切国家。在地球仪上，大家还能凑到一起。谈到建筑，尤其是建筑风格和形式，就没个准谱了。黑白棕黄各色人种各有各的历史，亚非欧美一干国家国有国的情况。他们创造的建筑当然也是五花八门。因此咱们只能大概其按年代分一分。在同一年代里再看看不同地区的人都盖出了什么样的房子。

在 19 世纪之前，也就是人们发明机器，有了物理、化学、力学等学科之前，全世界的建筑手段都比较落后（不包括中国），因此建筑的成就主要表现在艺术上。又因为欧洲等国长期以来政教合一，使得宗教建筑可以挥霍大量金钱，因而教堂比起任何其他建筑都辉煌雄伟。王权强大的国家，也有一些皇宫什么的。19 世纪以后，随着人们思想的解放和工业的发达，住宅、办公楼、剧场等各种形式的建筑日见耸峙，使得我们这个地球五彩缤纷起来。

开场锣敲过，诸君请看。

第一讲

# 奴隶制时代建筑

人类刚从猿猴进化而来的时候，多半是住在山洞里，最多搭个窝棚，那都算不上是建筑。直到进步到了奴隶社会，打了胜仗的人把俘虏绑了来任意驱使，自己则成了光是动动脑子、动动嘴皮子的统治者，也就是说，脑力劳动和体力劳动分了家，才给建造活动，尤其是大规模的建造活动提供了技术和劳力的可能。

首先，吃饱了喝足了的奴隶主们要求提高了，就要指使他人去设计符合自己要求的房屋，生前要请客、跳舞，死后要摆谱、祭祀。这就出现了由工匠转化成的早期建筑师。其次，虽然没有机械化的工具，然而成千上万奴隶的手脚和肩膀就是机械，就是工具。有设计的，有干活的，才有了大规模的建造活动。

现在，让我们看看在奴隶制时代，最早的建筑师和奴隶们都建了哪些让我们至今仍惊诧不已的建筑呢？

# 古埃及建筑

古埃及文明是目前所知的人类最早的文明，约公元 3100 年前建成统一国家。前王国（约前 31 世纪—前 27 世纪）逐步形成集权统治。古王国时代（约前 27 世纪—前 22 世纪），确立以法老为首的中央专制政体，后来王国分裂。中王国时代（约前 21 世纪—前 18 世纪）再度统一。

由于尼罗河两岸没有大片的森林，早期埃及的房子也多用芦苇建造。这种东西是保存不久的，住着估计也不大舒服。公元前 2600 年以后的埃及建筑开始用石头建造。使得我们今日看到的埃及古建筑都是石头造的。

可别以为石头建筑一定是傻大黑粗。在早王朝时期（公元前 2800 年以后）有了青铜器，埃及人便用这些比石头坚硬的工具在石头上刻出细致美丽的花纹。有的比今天用电动工具磨出来的石雕都细致。下页列举的是四种柱头，你想想看，那柱子得多华丽吧。仔细看那花纹，还可以看出仿芦苇的纹路的意思来呢。

4 种古埃及柱头

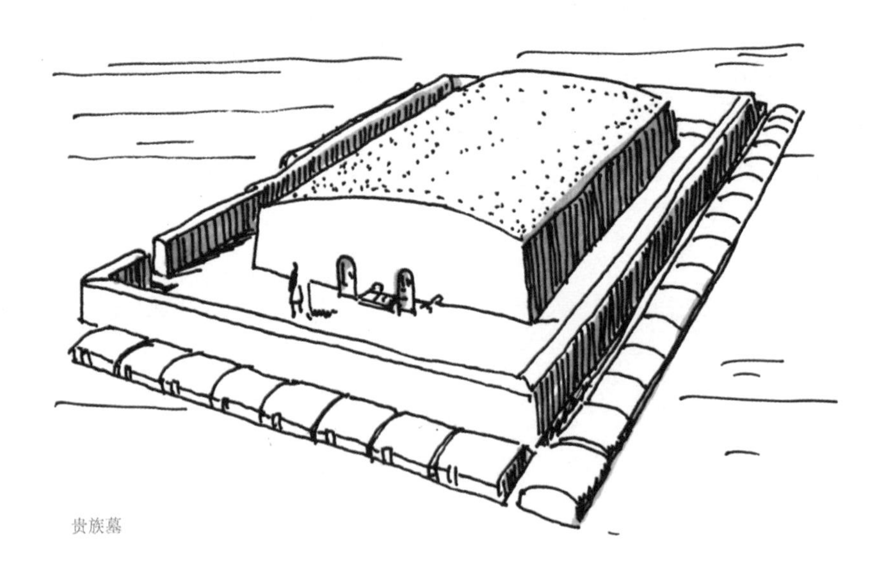
贵族墓

埃及金字塔

古埃及人认为，人死了之后，只要把尸体保存好，三千年后就能在极乐世界里复活。这比咱阿Q的“20年后又是一条好汉”等的时候可长多了。因此，他们的陵墓啦，木乃伊啦，都是精心打造的。当然，只有法老及牧师等上流社会的人才能有这待遇。

公元前4世纪的台形贵族墓看上去有点像祭祀的大堂，除了没有窗户。

至于国王（他们叫法老）的陵墓，就是我们所知道的金字塔了。那个规模大的呀，不知用了多少奴隶，运了多少土来，才能用大石头块儿砌成好几个几十米高的大四棱锥。底下不起眼的有些小附属物，那是入口和祭祀的厅堂。建造这些大锥子的

卡纳克阿蒙神庙

目的是显示法老的伟大。金字塔一般建在沙漠边缘，在好几十米高的台地上。对于一望无际的沙漠来说，只有这种简洁而又高大、稳定的形状，才能站得住脚，才有纪念意义。

因为不了解自然，先民们总是被刮风下雨打雷地震一类的自然现象弄得莫名其妙而且害怕。就跟孩子似的，一害怕就要找妈。古埃及人找到的最早的“妈”是太阳。你看，她不但高高在上，而且威力无穷。给太阳盖个祭祀之处，有事好有地方求她去，这就是建太阳神庙的初衷。

埃及的太阳神庙建筑有两个重点：一是大门，这是民众举行宗教仪式的地方，装饰得富丽堂皇；二是大殿，这是国王和贵族朝拜的地方，想是求神给点特殊照顾，还不能让外人听见，幽暗威严。个别特爱不朽的国王还把自己的形象刻在柱子上。其中最大、最著名的神庙是卡纳克阿蒙神庙和卢克索阿蒙神庙。这

刻有国王形象的柱子

俩神庙都是满满的一屋子大粗柱子，让你身处其间喘不过气来。卡纳克阿蒙神庙中央的柱子直径3.75米，高21米；其余的柱子直径也有2.74米，高12.8米。可柱间距呢，却只有6米。之所以用这样密集的柱子，一方面是上头的大梁也是石头的，使得跨度不可能大；另一方面主要还是要营造一种神秘、压抑的气氛，让你对神产生敬畏。

在这两个庞大的神庙之间，有一条1公里长的石板大道，两侧排列着狮身人面的石雕，跟咱们明十三陵的神道似的，很是壮观。

卢克索阿蒙神庙

狮身人面大道

# 两河流域古建筑

学历史时我们都知道有个巴比伦。关于它，有一首很动听的歌叫《巴比伦河》(*River of Babylon*)，里面唱道："来到巴比伦河边，我们坐在你身旁……"不过在我的记忆里，两河流域的河是叫幼发拉底河与底格里斯河。巴比伦河其实就是幼发拉底河的别名。这两条河冲出来一个富饶的平原：美索不达米亚平原，还繁衍出人类社会的早期国家和早期文明之一。我们如今使用的一年分12个月，一年有365天（他们那会儿比现在短，一年是354天），一小时有60分钟，还有加减乘除的运算，圆周分成360度，都是那帮人弄出来的。不佩服不行啊！

聪明人也是会打架的。后来经过无数次的分分合合，当初的古巴比伦人大多数都早不知跑哪儿去了。现在的伊拉克人、科威特人，还有伊朗人，就在古人的废墟里继续生活着。

约公元前4000年，那里就有一大群小国了。约公元前1900年，古巴比伦王国建立，后来被灭，约公元前600年又冒出来一个新巴比伦王国，并创造了辉煌的文化，其中就包括建筑。

巴比伦城伊什达城门（复原）

这个两河流域没长什么有用的树木，净长些芦苇之类。早期的房子就是芦苇糊上泥巴。能弄出土坯来盖房子，就算不错了。可土坯禁不住暴雨侵蚀，为此，从公元前 4000 年开始，人们就烧制了一些陶的钉子，趁土坯还没太干时，把五颜六色的陶钉子按进去，形成了各色图案。当然啦，这种装饰仅用在重要建筑上。后来陶钉又发展成了陶片，即琉璃砖。较典型的是新巴比伦城的伊什达城门。要说明的是，原件早没了，这个是在柏林的一个博物馆里仿建的。

公元前 8 世纪，在这里还有一个强大的帝国——亚述帝国。尼尼微是亚述的首都。尼尼微在哪里呢？就在如今伊拉克北部的重镇摩苏尔附近。听着耳熟，想着就炮火连天。可想而知，什么古迹都难以保存下来喽。不过，这里还有一些当年亚述人的后代，他们甚至还用着古老的阿拉米语。

亚述国都 尼尼微城（复原）

当年，尼尼微是世界上最大的城市之一，它的城墙有三公里长。《创世纪》里说："他（上帝）从那地出来往亚述去，建造尼尼微……"难道这栋建筑不是人类建的吗？总之历史上确实是有过这么个东西的。1847 年，英国考古学家莱亚德在那里挖掘出了尼尼微遗址，并发现了亚述王的宫殿废墟。这是人们根据描述所建的复原城。他们甚至还发现了一块浮雕，上面刻的场景是御驾亲征的国王正坐在宝座上，战俘从他面前走过。在他的头顶上有一行字："世界的王亚述国王西拿基立坐在尼米杜宝座上，检阅从拉吉夺取的战利品。"

# 古希腊建筑

公元前 8 世纪，在巴尔干半岛、小亚细亚半岛西岸和爱琴海的一些岛上，建立了好些城邦国家，他们被统一称为古希腊。别看他们没统一成一个国家，但论起对欧洲文化、欧洲建筑的贡献，那可是称之为“摇篮”的。欧洲的文明就是从这个大摇篮里摇出来的。

古希腊人是泛神论者。他们信奉的神太多了。我们常听说的有宙斯、阿波罗、雅典娜、波塞冬，等等。因此各类神庙是古希腊建筑里最常见，也最值得称道的。公元前 6 世纪古希腊人在小亚细亚建立的大城市以弗所（土耳其语：Efes）的阿丹密斯庙极有代表性。这个庙的立面怎么看怎么眼熟。确实，后来的希腊、罗马乃至许许多多欧洲的庙，都是跟它学的。粗大挺拔的柱子、三角形的山花就是这类寺庙典型的立面。

由于庙宇或别的什么性质建筑的功能各不相同，可大体的结构总是密密麻麻的大柱子，怎么让人对它们的区别一目了然呢？古希腊人想出了用不同的柱头来解决。这就好像咱们人的身子、胳膊、腿都差不太多，最不同的就是脸了。俩人一见面，绝不会看脚丫子或胳膊来确定谁是谁，而是看脸。柱头，就是建筑的脸。

阿丹密斯庙上所用的柱头还不是很规范。自此以后，建筑师们慢慢完善了柱头的形式。

古希腊基本柱式有三种：多立克（Doric）、爱奥尼（Ionic）和科林斯（Corinthian）。这三种柱式非但柱头大不相同，而且柱身的长细比也不同。多立克式的最为粗壮（柱径：高度 =1 ：5.5 左右），表现的是孔武有力的男人。它的柱头是倒立的圆锥台，常用在纪念性建筑上。爱奥尼式比多立克式苗条些（柱径：高度 =1 ：9 左右），象征的是女人。这种柱头是两个精巧柔和的涡卷，常用在文艺性建筑，如剧院、礼堂等处。科林斯式的柱头用了忍冬草的叶片，柱身比例同爱奥尼，但看着花哨多了，也多用在歌剧院等艺术表演场所的建筑上。

后来，古罗马灭了古希腊，但继承了古希腊的文化，包括建筑，当然，也包括柱式。随着古罗马的扩张，柱式几乎影响了多半个地球的建筑。我们清华大学大礼堂的柱子用的就是爱奥尼式。记得刚上大学时建筑渲染课，水墨渲染画的就是爱奥尼的涡卷。

有了美丽而规范的柱式，该付诸实践了。公元前 5 世纪（相当于咱们的春秋时期），古希腊的经济已经挺发达了，除了奴隶之外，有手艺的、有地种的形成了平民阶层。这帮人生产积极性比奴隶高多了，因而文化也达到了前所未有的高水平。著名的雅典卫城就是这会儿建成的。

作为希腊若干小国的盟主，雅典显得特重要，也特有钱。有了钱就大兴土木，建了雅典卫城。

雅典的名字是怎么来的呢？在古希腊传说里是这么说的：智慧女神雅典娜希望以自己的名字命名，而海神波塞冬也要争冠名权。俩神为此打了起来。敢情神的名利思想也不小啊。后来，万神的头儿宙斯出面调停。他让雅典娜和波塞冬各送给人类一件东西，谁给的最有用，就用谁的名字。

波塞冬用他那巨大的三叉戟从岩石里戳出一匹战马来，让人骑着它去打仗；雅典娜则用她的长矛在石头上杵了个洞，洞里长出一棵橄榄树来。人们都欢迎这棵象征和平和丰收的树。于是，宙斯判定用雅典这个名字称呼这座城市，从此，油橄榄长满了希腊的山山岭岭。

这个“卫城”的功能其实并不是打仗，而是举行宗教和政治活动。它的建设意图一是赞美雅典，赞美它历次战胜侵略者的胜利；二是吸引各地人前来参观，以繁荣雅典；三是给工匠们找活儿干，省得他们闲来无事闹腾。当时的总管还限定使用奴隶的数量不得超过工人总数的 1/4，这使得自由民积极性大为高涨，把聪明才智都用在了卫城的建设上，才建出美轮美奂的、驰名世界的雅典卫城来。今天，去希腊而不去雅典卫城的，就好像来中国不去故宫一样。

阿丹密斯庙

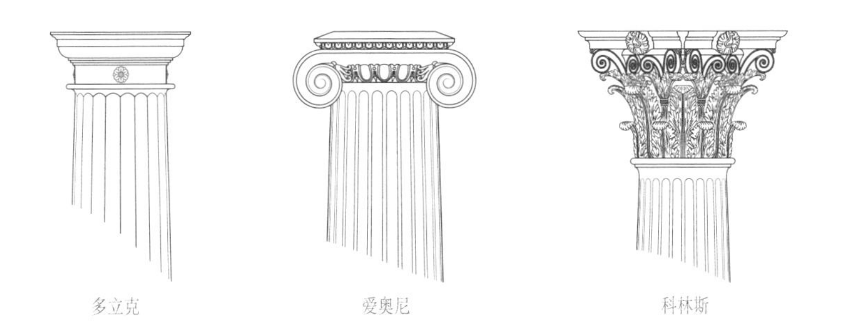


古希腊柱式

雅典卫城

雅典卫城的底座是由平顶岩构成，海拔 150 米。卫城的建筑群规划完全是按照市民游行的顺序做的。最先看到的是一面 8.6 米高的石灰石的大墙，墙上挂满了历次战争（尤其是战胜波斯的那场）的战利品。再往前走便是山门了。这是一个很规矩的五开间的石头建筑。为强调其严肃性，用了多立克式的柱子。

进了山门，就看见立在 1.5 米高的台子上，9 米高的雅典娜

帕特农神庙

铜像。

雅典卫城里最大、最重要的建筑物是帕特农神庙，也叫雅典娜神殿。为了突出，把它放在了卫城的最高处，从哪儿都能看见的位置。这个巨大的白色大理石建筑有 8×17=136 根多立克式的柱子和巨大的三角形山花。东面的山花上雕刻着雅典娜诞生的场景，西面的雕刻是雅典娜和波塞冬争夺冠名权的故事。

在帕特农举行完了每四年一次的祭奠仪式后，人们来到由六个女神充当柱子的伊瑞克提翁神庙前。这里原是雅典娜和波塞冬比赛着往岩石上杵窟窿的地方，后来建了这座精美的小庙，用以储藏圣徒的遗骨。

雅典卫城建于公元前 5 世纪，风雨飘摇了 2500 年，大多数建筑物早已不存。我 10 年前去的时候，只有没了顶子的帕特农神庙还凸立在高岗之上，雅典娜像早就没影了。伊瑞克提翁的美女柱子已是复制品，原物里有五个在卫城博物馆，一个在大英博物馆。

# 古罗马建筑

终于说到公元前的漫长时期里最辉煌的时期——古罗马了。之所以有这样的称谓，是由于公元前 5 世纪，原来只是一个小国的罗马实行原始共和以后，大大地强盛起来。公元前 3 世纪，它以蛇吞象的气魄吞并了整个亚平宁半岛，之后又打下希腊、叙利亚、伊比利亚半岛，乃至埃及部分地区等大片文明程度已经很高的地区。到了公元前 1 世纪，它统治了欧洲南部到小亚细亚半岛、北非的大片地方。古希腊、古埃及本来文明程度已经处于世界领先地位了，只不过军力不行，败在了人家手下。于是他们的工匠乃至建筑师都成了古供罗马人驱使的奴隶。虽然传说罗马城的建造是两个狼孩，其实真正创造奇迹的，是古希腊人、伊达拉里亚（Etruria）人、古代叙利亚人和古埃及人。加上奴隶制正处于鼎盛时期，劳动力有的是，这都是令古罗马建筑达到前所未有的高峰的主要因素。

古罗马时期的建筑技术方面的成果主要是混凝土和券拱结构。这两项技术是相辅相成的，没有混凝土，就没有古罗马的券拱结构。

那么，它的混凝土是怎么来的呢？原来意大利有的是取之不尽用之不竭的火山灰。古罗马人偶然发现，火山灰加上石灰末，再混进一些小石头子，弄些水和成泥，在凝固之前的形状是可塑的，等凝固以后竟然如石头般坚硬。这比一斧子一斧子地凿石头可方便多了，而且比采石头还便宜。还有一点：用石头砌筑墙体，尤其是券拱，那是需要高技术的，而往模子里铲混凝土，是个人就会干，因此可以大量使用奴隶进而大大提高了施工速度。

有了券拱结构，五花八门的建筑开始一个又一个地迅速拔地而起。让我们先看一个券拱结构的单元，再看看凯旋门和罗马大斗兽场，就明白多了。

上面说过，古罗马在公元前5世纪—公元1世纪，征服了周边大片土地。其手段当然是战争喽。打胜仗的将军们要炫耀自己的功绩，于是出现了凯旋门这么一种建筑物。它的典型长相是：几乎正方形的立面，三开间的券柱式门洞，中间大两边小。高基座，高女儿墙。讲究些的，女儿墙上还有青铜雕的战马啦，人物什么的。门洞两侧必有主题浮雕。其代表作是建于公元312年的罗马城里的君士坦丁凯旋门（Arch of Constantine）。

不难发现，后来的许多凯旋门，包括著名的巴黎凯旋门，都是它的孙子辈乃至奋拉孙子辈。

典型券拱结构的单元

罗马斗兽场这个椭圆形的建筑想必大家都认识，如今是游客必去的地方。它看上去安详而庞大。可当初，也就是罗马帝国末期，嗜血成性的奴隶主们自己不上战场厮杀，却喜欢看人跟人你死我活地打斗。为此，建了斗兽场这种怪物。在公元前 100

君士坦丁凯旋门

君士坦丁凯旋门

年至公元100年这二百年里，这样的东西可能建了不止一个。罗马的这一个是规模最大、结构体系最完整、保存最完好的了。由于奴隶主的这种非人性的爱好，导致了奴隶的大规模起义，如斯巴达克斯起义，社会发生巨大变革。最终由屋大维于公元前27年建立元首制，断送了罗马共和国。

罗马斗兽场（Colosseum），由韦斯帕西亚努斯皇帝始建于公元72年，而由他的儿子提图斯完成于公元82年。工期才10年啊！难以置信。斗兽场的整体结构有点像今天的体育场，或许现代体育场的设计思想就是源于古罗马的斗兽场。

斗兽场的平面呈椭圆形，长直径188米，短直径156米。

从外围看，整个建筑分为四层，底部三层为券柱式建筑，每层 80 个拱券，每个拱门两侧有石柱支撑。第四层是实墙，但有壁柱装饰。正对着四个半径处有四扇大拱门，是登上斗兽场内部看台回廊的入口。斗兽场内部的看台，由低到高分为四组，观众的席位按等级尊卑地位之差别分区。在斗兽场的内部复原图上，可以看出这个工程的浩大和壮观。

这一时期古罗马令人称道的还有一个建筑，就是罗马万神庙。

古罗马人和古希腊人在信仰上有一个共同点，就是信仰住在奥林匹斯山上的、以宙斯为首的一大批神，多少个没统计过，就统称万神。这跟中国起源的道教倒是好有一比。

既然要供奉万神，总得让万神有个接受供奉的地方。于是就给众神修了个庙。最初的万神庙建于公元前 27 年，可是公元 69 年被大火给烧没了。敢情石头建筑也经不住火烧啊。公元 125 年，当时的罗马皇帝哈德良下令重修。

125 年建的这个万神庙比它的老前辈棒多了。首先，结构先进了。平面采用了 6.2 米厚的墙围成的一个外径 65 米的正圆形。到了上面（大约 30 多米高处），开始收屋顶。这个巨大的穹顶直径有 43.3 米。顶部距地也是 43.3 米（怎么凑的！）。这么大的个大脑袋，就算古代有混凝土，就算底下有厚墙，也够那墙扛的呀。古人也挺聪明的。他们用的混凝土骨料，就是里头掺的石头子，越往上的越轻。下头是小石头子，上头则用浮石

罗马斗兽场

罗马斗兽场

（火山的碎渣）。而且穹顶的厚度越往上越薄。到了最上面，还开了个直径近乎9米的大窟窿。一来呢，是为了采光，二来也是为减轻重量。只是不知道当初没玻璃下雨时怎么办，在屋里打伞？可倒也没什么关系，古人都皮实。

其次，规模大。它面阔33米，光是正面的八根大柱子就有14米高，快赶上五层楼了。

再者，漂亮。里外都漂亮。外头的柱子是整块的埃及花岗岩，深红色，而柱子、山花用希腊的白色大理石。里面的天花板是铜包金的。

可惜，17世纪的教皇乌尔巴诺八世为了修建圣彼得大教堂，

罗马万神庙

把天花板给拆了，还把铜啦、金箔啦的都给化了，为了修祭坛上的天盖。瞧见没有，败家子哪儿都有啊！以至于拉丁语里有句谚语，“巴波里（野蛮人的意思）没做的事，巴贝里尼（乌尔巴诺八世的姓氏）做了”，说的就是这事。

无论如何，万神庙是古罗马时期建筑艺术的结晶，对整个西方建筑的影响是极大的。只看文艺复兴时期欧洲的许多建筑，乃至美国弗吉尼亚大学的圆形大厅、哥伦比亚大学图书馆、杰弗逊纪念馆、澳大利亚墨尔本的州立图书馆，甚至中国北京的清华大学大礼堂，就都能看到万神庙的影子。

第二讲

# 中世纪欧洲建筑

所谓的欧洲中世纪，是指从公元 5 世纪西罗马帝国灭亡到 15 世纪文艺复兴开始的这段长达一千年的时期。这一时期，古希腊和古罗马遗留下来的文化被教会认为是世俗的、罪恶的而惨遭破坏。这一时期的建筑，多半是教堂；文化，多半与《圣经》有关；国家，多半是些四分五裂的农业小国。就连占统治地位的基督教也在长期的互相杀戮后分裂成了西欧的天主教和东欧的正教。这两大教派占的地方不同，信仰及文化也不尽相同。

# 东罗马帝国建筑

罗马帝国的事情坏就坏在最后一个统治者戴克里先身上。他一上台，就称了帝。这也就罢了，最糟的是后来他弄出俩继承人来。俩人一登台就开始打，打到其中一位的儿子君士坦丁打败了另一边。公元 330 年，君士坦丁一世在位于博斯普鲁斯海峡东岸的战略要地——拜占庭建立了新首都，将其命名为新罗马（拉丁语：Nova Roma）。在他死后，人们就以他的名字命名了这座城市。1453 年，君士坦丁堡落入奥斯曼帝国手中，改名为伊斯坦布尔。这又是后话了。

鼎盛时，东罗马帝国占据了几乎整个的意大利、整个的希腊、整个的土耳其、多半个埃及、北非和伊比利亚半岛的边角。真叫不小啊！而且都是些文明高度发达之古国的故土。

这里要说点跟建筑无关的事。以前我老没明白东罗马帝国跟拜占庭什么关系。后来才知道，人家一直称自己为东罗马帝国。直到 16 世纪，东罗马帝国都被灭了，有个研究历史的德意志人认为这个名字跟罗马帝国有点容易让人混淆，于是在历史书

君士坦丁一世像

里管人家叫拜占庭。不过我觉得这个名字挺好听，时不时就用两下子。

公元 5—6 世纪时，东罗马帝国可是个大帝国。不但大，而且强盛。这得益于君士坦丁一世的强大。

在君士坦丁一世的统治下，东罗马帝国迅速成为一个军事专政的国家。这样做的好处是用强制的手段克服了连年征战带来的经济危机，因而多次打退法兰克人和哥特人的进攻，使得东罗马帝国保持了近 200 年的繁荣。他制定的一些法规，如屠夫和面包师为世袭职业，禁止佃农离开租种的土地，虽然一定程度上提高了生产力，却使得依然存在的奴隶的生活每况愈下。这为东罗马帝国的分裂埋下了炸弹。

由于君士坦丁一世皈依了基督教（他是第一个信奉基督教的罗马皇帝），使得本来受迫害的基督教在100年之内成了在东罗马帝国，继而在整个欧洲占支配地位的宗教，从而间接导致了近一千年的宗教主导的黑暗的欧洲中世纪。这可能是他没有想到的结果吧。

现在，让我们来看看这一时期东罗马帝国在建筑上做出了哪些辉煌的成就吧。

在君士坦丁时代，国家大权还掌握在皇帝手里，因此，建筑活动主要是适应皇族和贵族的世俗生活需要。也就是说，建筑以满足吃喝玩乐和祭祀为主。东罗马帝国出现了大量的城市、道路、宫殿、跑马场和东正教教堂。其中最值得称道的是君士坦丁堡的圣索菲亚大教堂。这个教堂之所以雄伟异常，是因为吸收和发展了穹顶技术。由于东正教不太重视圣坛上的仪式，而主张教徒之间的亲密交流，因此教堂内部有一个集中的大空间是很必要的。而且，这种集中式的建筑特别适合作为帝国所需要的纪念性建筑。

让我们先从圣索菲亚大教堂的平面看起。

从圣索菲亚大教堂平面图里，我们可以看出两点：一是有四个大厚墙墩托住上面的穹顶；二是中央大厅远远大于圣坛。这跟以后我们要讲到西欧的巴西利卡十字形教堂平面是完全不同的。

如果看不大明白厚墙墩跟穹顶的关系，那再来看看圣索菲亚大教堂半剖面轴测图吧。我们在这张图上可以较清楚地看到，两个厚墙墩托住一个券，四个券顶住一圈水平的圆环。最大的穹顶就从圆环上拔起。

圣索菲亚大教堂正厅之上覆盖着的那个中央穹顶最大直径达 31.24 米，高 55.6 米。穹顶直径较万神庙的穹顶直径少了三分之一，但高度却多了四分之一。穹顶下是圆环和连绵的拱廊。其下方的 40 个拱形窗户用于引进光线，使室内呈现出绚丽的颜色。由于经历过为数不少的维修，穹顶的底座已经不是绝对圆形，而是略呈椭圆形，其直径介乎 31.24 米至 30.86 米之间。

如何在立方体的建筑上放置圆形穹顶，一直是古代建筑学上的难题。圣索菲亚大教堂给出的解决之道是帆拱，即用类似篮球外皮的四个三角凹面砖石结构，将世界上最大的圆顶之一架设在了恢宏的大厅之上。圆顶的重量由四根巨型柱子支撑，圆顶看似就在这些柱子的四个大拱形之间浮起。在东西两端各有两个半圆穹顶分散重量，每个半圆穹顶又将其压力进一步分散至三个较小的半圆穹顶上。

教堂内一共使用了 107 根柱子。柱头大多采用华丽的科林斯柱式，柱身上还增加了金属环扣以防止开裂。大教堂最大的花岗岩圆柱高 19 ~ 20 米，直径约 1.5 米，重 70 吨。查士丁尼一世曾下令将巴勒贝克、黎巴嫩的八个科林斯柱式拆卸及运送到君士坦丁堡建造圣索菲亚大教堂。与主要使用大理石的古希腊

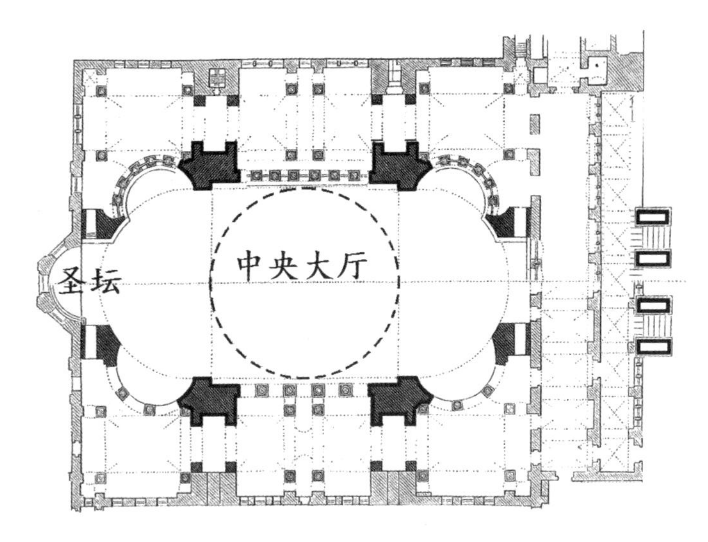


圣索菲亚大教堂平面图

圣索菲亚大教堂半剖面轴测图

土耳其 伊斯坦布尔 圣索菲亚大教堂

建筑以及主要使用混凝土的古罗马建筑不同的是，圣索菲亚的主要建筑材料为砖块。

大教堂室内地面铺上了多色大理石、绿白带紫的斑岩以及金色的镶嵌画，在砖块之上形成边框。这些覆盖物盖住了柱墩，同时使整个室内看起来更加明亮。

我个人觉得它的主体四周堆了好些包，显得有些乱。在近处根本看不见穹顶，要到很远的地方才能一睹芳容。四周的尖塔也不怎么好看。

在圣索菲亚大教堂之后，6 世纪统治拜占庭的皇帝查士丁尼一世一心想要建一个从东到西的大罗马帝国。长期的战争消耗了大量国力，从此，拜占庭再也没能有什么像样的建筑了。查士丁尼一世死后，先前征服的地区大都丧失了。不过呢，瘦死的骆驼比马大，东罗马帝国又苟延残喘了好几百年，几次的十字军东侵又雪上加霜地给它造成了毁灭性的打击。后来蒙古人又横扫了一下子，东罗马帝国就更加衰败，终于在 15 世纪时被奥斯曼帝国攻陷，末代皇帝君士坦丁十一世战死。东罗马帝国正式灭亡。

# 中世纪西欧建筑

现在，咱们回过头来看看西欧的情况吧。

在中世纪欧洲，除了法兰西王国、多半个伊比利亚半岛和当时还是东法兰克王国的德国等之外，东罗马帝国给西欧就没剩什么跟文明古国沾边的好地方了。这些本来就不咋地的地方还曾经被当时更加没文化的民族入侵多年，形成了一堆封建领主管着的小国。在这些地方，农民忙着种地，领主忙着收租子，没有人有能力、有兴趣做建筑。因此古希腊、古罗马的那些精湛的手艺，好几百年没人用，都荒废了。没有了统一的国家，倒有统一的教会：基督教。教堂、修道院成了从5世纪到15世纪这段时期几乎唯一大型的公共建筑了。

不过封建制度毕竟比奴隶制度在生产力方面还是有所进步的：给自己种地总比带着铁链子给奴隶主种地积极性高多了，打的粮食也更多了。教会集中了大量的钱财，又有虔诚听话的信徒当劳动力，建一些宏伟的教堂就是顺理成章的事儿喽。

西欧的教堂因为是由教会来操办，因此体现教义的需求大大增加，祭拜圣坛成了教堂内最主要的宗教活动。这样一来，曾经在小范围流行过的巴西利卡十字形平面受到极大的欢迎。这种十字横长竖短。长的那一横用于建筑的主轴。一头是入口，另一头是圣坛。人进去以后到圣坛的距离相比之前是更长的，这就增加了教堂的神秘性。短的那一竖可当作辅助房间用。更重要的是，这种十字布局跟耶稣受难的十字架有异曲同工之妙。

至于立面形式，那就是多种多样的了，看所在地区的传统和爱好而定。

在法国，从10世纪开始流行哥特式建筑。“哥特”这个词的来源其说不一。有人说是指日耳曼人的一支哥特人（Gothic），还有人说来源于德语的上帝（Gott）。其实哥特式是植根于罗马式的。但罗马式的券拱式顶子太过厚重，窗子太小，室内几乎伸手不见五指。而热衷于吸引民众信教的基督教会需要一种建筑形式来表现宗教的威严，尤其在王权仍占统治地位的法国。而在封建领主的土地上渐渐专业化的建筑师乃至工匠创造的十字拱、骨架券及更显高耸的尖券，恰恰符合了建造者的要求。这种新的建筑形式，当时被称作法国式（Opus Francigenum）。文艺复兴后，被一帮时髦人士贬义地称之为哥特式。因为当年的哥特式标榜崇高、神秘、孤独、绝望等。

哥特式建筑的特点是：肋骨式的架券、带尖的拱券（尤其在入口处）、镂空加花格的窗、花玻璃镶嵌窗。作为教堂建筑，平面依然是巴西利卡十字形的。

巴黎圣母院正立面

这些文字的形容可能不大好懂，但从建筑外形上，你一看那种瘦骨嶙峋的、顶上尖尖的教堂，九成就是哥特式。

初期的哥特式诞生在法国等地。其中最出名的要算是巴黎圣母院（法语：Notre-Dame de Paris）了。它始建于 1163 年。虽然它的顶子不是尖的，但从结构体系、尖券、花窗等方面看，它还是很“哥特”的。尤其看它的侧面，简直就是仿人类的肋骨。可惜的是，2019 年 4 月的一场火灾，把圣母院的屋顶尖塔和主体木结构屋顶给烧毁了。所幸整体结构尚在。目前已开始

巴黎圣母院侧面

了修复工程，完全修复可能需要 20 年以上。

哥特式之所以受到教堂建造者的青睐，从内部空间看就更明白了。它利用肋骨式的尖券营造出高耸的空间和硬质的室内装修材料（光秃的砖柱子及大面积没窗帘的玻璃窗）。这种硬质材料是不吸音的，也就是说，它反射声音的能力极强。如果你喜欢在洗澡时引吭高歌，会发现那里比在旷野里回音大，因而好听，就是体现这个道理。回音的长短，建筑上称作交混回响时间。这个时间长了，就使得神父的话语和管风琴的乐音带有天外之音的神秘感。你可以设想一下，神父的一声洪亮的“孩子们——们——们——们——”在屋子上空“嗡嗡”地响上5秒钟，会让人们的心里产生多么神圣的感受。

同时期其他的建筑物，扒拉来扒拉去，中世纪欧洲能看得上眼的，大概就剩意大利威尼斯的圣马可广场（意大利语：Piazza San Marco）了。说是广场，其实它是一组建筑和铺地的组合。这组建筑包括总督宫、圣马可大教堂、圣马可钟楼和新旧行政官邸大楼、圣马可图书馆，再加上运河，就围成了一个长170米、宽80米（东）至55米（西）的一个奇形怪状的广场。

其中最热闹的建筑物要算是圣马可大教堂了。因为有了这家伙，广场赖以得名。教堂始建于829年。它的式样完全是个杂凑，既有哥特式的尖，却又用了罗马式的圆券门，外加五个拜占庭东正教的洋葱头顶。后来加以维修时甚至又混入了文艺复兴时期巴洛克的风格。简直像金庸笔下的令狐冲被输进桃谷六仙的真气，又夹杂了许多别人的真气一样，乱七八糟。但因为它大，又辉煌（里外共有500多根白色大理石柱子），还有圣马可广场和运河滋润着它，游人整天在这里摩肩接踵。

广场中另一个重要的建筑就是总督府。这个三层的庞然大物其实主要不是为总督办公用的。首先，底层的券廊显然是为行人或游人躲阴凉避风雨用的。其次，最上层大片的实墙面用小块的白色和玫瑰色交替着贴成席纹图案，固然是为减轻墙面的沉重感，当然也是给整个广场增添了活跃而温柔的气氛。二层

圣马可大教堂

的廊子上，柱子的数量比下层多了一倍，纤细而华丽，办公用得着吗？想来也是装饰作用大于实用的。

某日，我和先生去拉斯维加斯，入住威尼斯人酒店。刚走

圣马可广场

到近处，我扭头一看，咦？这不是威尼斯圣马可广场的总督府吗？我虽然没去过威尼斯，但当年教我们西方古代建筑史的陈志华先生对圣马可广场青睐有加，讲起来形声绘色，以至于我对这栋建筑很是熟悉。再往右一看，哈！红砖的大钟楼高高竖起，简直是半个圣马可广场呀。

大钟楼也是圣马可广场的一大亮丽的风景线，以其高耸的尖和浓重的红色向游人们招手致意。

总督府

第三讲

# 文艺复兴时期欧洲建筑

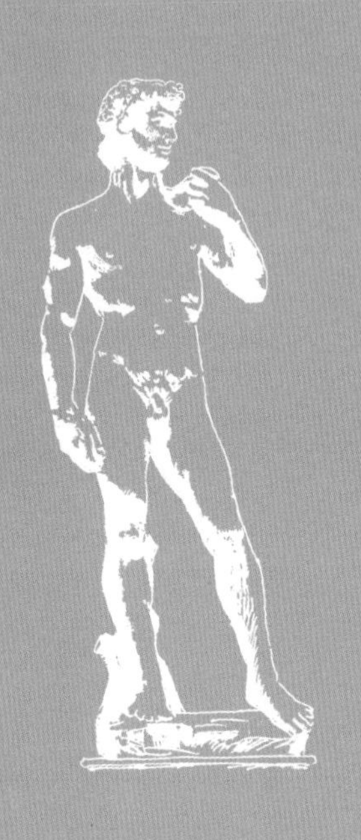

中世纪的欧洲摸着黑熬到了 14 世纪，终于迎来了光明——文艺复兴开始了。所谓的文艺复兴起始于 14 世纪后半截，到 16 世纪结束。在一百六七十年里，文艺复兴带来了科学与艺术革命时期，才揭开了近代欧洲历史的序幕。

生产力发达了，人们就有了更高的文化要求。建筑也随之进入了一个新阶段，逐渐摆脱了教会和封建领主狭隘的束缚，创新的欲望在建筑师和工匠的脑子里开了锅。人们从灭亡的拜占庭宫殿里刨出的图纸、从希腊罗马废墟里挖出来的残垣断壁里，发现了他们祖宗创造了，却被埋没了几百年的好东西。在没有更多的发明之前，先从这里学两手，不失为事半功倍的好办法。

## 意大利建筑

意大利很早就出现了各自为政的小型共和国如佛罗伦萨、热那亚等。一般认为文艺复兴这个热切地向古人学习的运动是从古罗马的邻居那里开始的。事实上，文艺复兴这个词就来源于意大利语的 Rinascimento。这个词是“ri”（重新）和“nascere”（出生）组合起来的。这意思再明白不过了。

文艺复兴的产物不单单是建筑。打先锋的应该是绘画。因为绘画容易，一支笔，一堆颜料，加上一个大脑和一双手。总之，一个人就够了。这一时期的绘画和雕塑很多都是我们耳熟能详的，比如达·芬奇的《蒙娜丽莎》、米开朗琪罗的《大卫》和《维纳斯的诞生》，都是摆脱了纯宗教色彩的名作。

米开朗琪罗是一位真正的大师。他以高超的雕刻艺术驰名世界绝不是偶然的。

有人问他：“你是怎样雕刻的？”

他回答道：“取一块大理石，去掉多余的部分。”

多幽默啊！还有有意思的故事呢。

在创作《大卫》的时候，佛罗伦萨市的执行官（市长）来视察工作。他看到这个 5 米高的，已经完成了多一半的东西，很是震惊。他倒是没打算给大卫穿上裤衩，但还是要表现一下市长的派头，就退后了两步，眯起眼睛指指点点："啊，不错，但是这个鼻子嘛，我看有点高了，应该去掉一点嘛。"

老米明知道那鼻子不能再去了，但领导的意志是不能违抗的。于是他从架子上下来，也眯起眼睛看了一会儿，然后，趁执政官不注意，捡起一小把大理石渣，又爬上了梯子。他拿起凿子，假装在大卫的鼻子上"当！当！"地凿着，随之往地上撒大理石渣。撒完了，他恭恭敬敬地问执政官："现在呢？"

执政官摸摸胡子："嗯，现在好多啦，正好！正好！不错！不错！"然后满意地离去，并逢人便说他的鉴赏能力如何高，连老米都听他的。

怎样对付愚蠢的领导，老米给我们做出了榜样。

至于建筑界，最早的作品是意大利佛罗伦萨主教堂（也叫圣母百花大教堂），最后一件作品是梵蒂冈的圣彼得大教堂。其实世俗建筑也有不少出色的，但毕竟名气不如它们大，咱们就来看看这两件吧。

佛罗伦萨主教堂本身一般般，但它那"大脑袋"太出彩了。这个主教堂是 13 世纪末行会从贵族手里夺取了佛罗伦萨国的政权后，作为共和体制的纪念碑而建的。1367 年，自由工匠们开始讨论这个建筑物的方案时，曾立下豪言壮语，一定要造一个

“人类技艺所能想象的最宏伟、最壮丽的大厦”。可惜，好几十年过去了，理想也没照进现实，直到一个人出现了，他的名字叫伯鲁乃列斯基。为了设计这个穹顶，37岁的他只身跑到罗马，在那儿一待就是好几年。他测绘古建筑，钻研拱券技术，连一个插铁隼子的凹槽都细细量过。回到佛罗伦萨后，他不但做了穹顶的模型，连脚手架如何安置都做上去了。在1418年的招标会上，他一举夺标，同年开工建设。整个施工过程他都登梯爬高亲身参与。1431年，主体穹顶完工。1436年，前前后后干了140年的整个建筑完工！

可知那句话是放之四海而皆准的啊：“没有人能随随便便成功。”

佛罗伦萨主教堂

伯鲁乃列斯基的这个穹顶不是整体的半球。他用了八根肋骨做骨架，之间用了两道环箍，以免它们散了架子。这八根肋骨坐在八个墩子上。而这些墩子下面是个 12 米高、4.9 米厚的鼓座。鼓座距地面 43 米，顶端距地面 91 米。为了避免工人在这么高的脚手架上爬上爬下，上面甚至设了小吃部，供应食物和酒。

我们把佛罗伦萨主教堂的这个穹顶和拜占庭时期圣索菲亚大教堂的穹顶比较一下，不难看出，圣索菲亚大教堂的顶子很是羞涩地犹抱琵琶半遮面，而佛罗伦萨主教堂的这一个，全身裸露在世人面前，丝毫不遮遮掩掩，显示出设计师的勇气和高超的施工技术。这个大东西总高有 107 米，真应了胖翻译官的那句话了：“高！实在是高！”（语出电影《小兵张嘎》）一旦建成，马上就成了佛罗伦萨的地标和天际线的构图中心。

下面要表的一个小东西建在罗马，叫作“谈比爱多”。这是我音译的词。我翻

佛罗伦萨主教堂穹顶

坦比哀多

译的地名还有：“死丫头”（Seattle，一般翻译成“西雅图”）、“三地野狗”（San Diego，一般翻译成圣迭戈）、“三块馒头”（Sacramento，一般翻译成“萨克拉门托”）。我觉得本人的版本更接近英语原发音，可惜我的版本没人承认。

开个玩笑，怕您睡着了。在教科书上，这个小东西的名字是“坦比哀多”。也是译音。原文是“Tempietto”。我猜是小庙的意思。别看这个直径仅 6 米、柱高不过 3.6 米的小庙不大起眼，在建筑史上可是很有地位哟。首先，它的设计者伯拉孟特就很了不起。跟佛罗伦萨主教堂的设计者伯鲁乃列斯基一样，他对古罗马艺术也心仪之极，也是一脑袋扎到罗马城，里里外外地研究了好几年废墟。其次，“坦比哀多”这东西还真挺好看。它的集中式体型、饱满的穹顶、圆柱形的神堂外加一圈 16 根多立克柱子，使得它有虚有实、体型丰富、构图匀称，成了后世争相模仿的样板。

# 梵蒂冈宗教建筑

文艺复兴时期的最后一个，也是最雄伟壮观的一个建筑是位于梵蒂冈的，作为世界天主教中心的圣彼得大教堂。直到今日，每年圣诞节时教皇都会在这里接见从世界各地赶来的教徒。

要说这个大教堂的诞生，是真叫艰难。16 世纪初，教皇决定重建几百年前的圣彼得教堂。此时正值文艺复兴时期，在外敌不断入侵的情况下，人人盼望国家强大起来。想起自己祖宗曾经创下的罗马帝国，爱国情怀鼓动着建筑师伯拉孟特。他发誓要建一座亘古未有的巨大建筑，“要把罗马城的万神庙举起来，搁到和平庙的拱顶上去”。

伯拉孟特最初的方案是希腊十字，横竖一般长，因而有了一个集中空间。顶上当然也得要穹顶，总之，就是放大了的坦比哀多。1505 年，这个方案被初步通过。但热衷于宗教形式的人提出异议：圣坛放在哪里？如何突出它的地位？唱诗班和讲经的神父站在哪里？难道要跟信众混为一谈吗？

在一片反对声中，热爱建筑艺术甚于宗教仪式的教皇犹利二世坚持伯拉孟特的方案。新教堂于1506年开工了。

干了8年，这8年也就是打了个基础吧。然后，伯拉孟特去世了。接替他的是著名的宫廷画师拉斐尔。他秉承新教皇的意思，把平面改回到巴西利卡十字，也就是说把整个平面抻长了，圣坛因而突出了。

幸亏，或者说不幸的是，改建工程没进行多少，罗马被西班牙人攻陷，加上德意志的马丁·路德为反对教皇以卖“赎罪卷”的名义集资建教堂，因而引发了改革新教运动。新教和天主教打得不亦乐乎，大教堂停工了。

直到1547年，教会委托米开朗琪罗主持大教堂工程。米氏抱着“要使古希腊罗马建筑黯然失色”的雄心壮志开始工作。首先，他捡起了伯拉孟特的集中式方案，稍做妥协地把入口处拉长了些，并加强了支撑穹顶的四个角墩子，以便建一个前所未有的大穹顶。与此同时，他减小了四角的四个小穹顶，以突出主穹顶。

主穹顶直径42米，接近万神庙，而高度却比万神庙高了近三倍。就穹顶本身而言，它几乎是半球的造型，比佛罗伦萨主教堂显得丰满多了。

可惜，后来的一位不懂美学、光知道宗教的教皇拆去了米氏的正立面，加了一段三跨的巴西利卡式大厅。以至于人们在大教堂前面完全看不见雄伟的穹顶。从艺术和构图方面看，穹顶的统领作用没有了。也就是说，米氏下的功夫在很大程度上白

圣彼得大教堂

PONT·MAX·AN·MDCXII·PONT

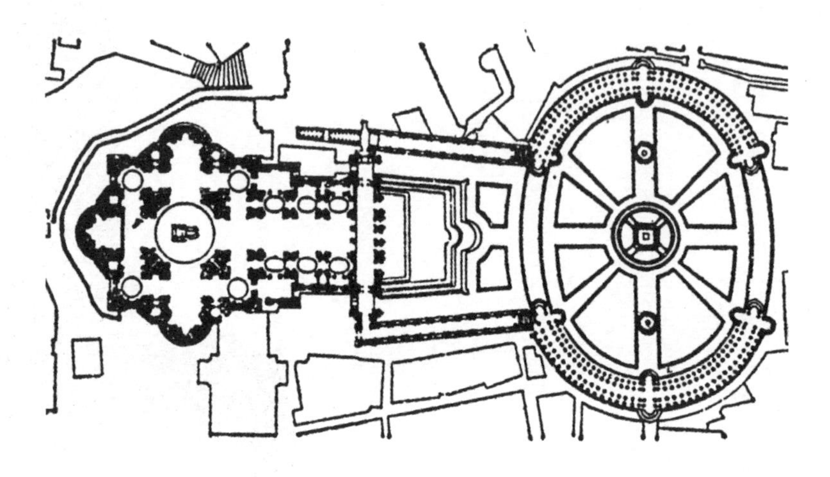

圣彼得大教堂和广场平面

费了。柱子的安排也显得凌乱。大教堂构图被破坏，标志着文艺复兴时代的结束。

尽管受到损坏，圣彼得大教堂还是以它空前雄伟的姿态令世人瞩目。

某年我和丈夫、女儿女婿去梵蒂冈，我特别想进去看一看米氏著名的雕塑《哀悼基督》。结果却没让我们娘儿俩进去。你猜为什么？说出来都可笑，竟然是因为我们穿的是短裤，而不是拖地长裙。幸亏被拦在外面的还不止我们俩，不显得怎么孤立。众门外汉无奈地环顾四周，才发现人家有事先知道的，特地带了大床单什么的，在门外临时裹上，踢里秃鲁地混进去再说。我们可傻了，在外面墙根坐了俩钟头！

圣彼得大教堂

哎，情报工作真的是很重要啊！

这尊我没看到的雕塑的动人之处在于，面对营养不良骨瘦如柴而又被人害死的儿子，玛利亚不是捶胸顿足号啕大哭，而是陷入极度悲哀以至于没有了表情。我觉得这比什么都更能表现出一个绝望的母亲的心情。

米开朗琪罗，大师啊！

《哀悼基督》

## 法国的三大宫殿

1337—1453 年，英法之间打了一场旷日持久的战争，号称百年战争。起因大概是公元 10 世纪，法国国王收服了诺曼人并给了他们一块封地——诺曼底。也就是说，诺曼底成了属于法国的附属国。后来，能征善战的诺曼人越来越勇，甚至打到英伦三岛去并成了英格兰的王。这位新英王心里说，我也是一方诸侯了，可总是得给法国国王下跪，这算怎么一回事啊！而且一个不留神，法国还把诺曼底给弄回去了。英国不干了，那就打吧。你来我往地打了 116 年。这期间哪国也没落好，弄得民不聊生的，也没心思盖房子。

最终，法国算是胜利了，这给法王长了不少威望。正如路易十四的权臣高尔拜向国王进言："如陛下所知，除赫赫战功外，唯建筑物最足以表现君王的伟大与气魄。"路易十四一高兴，停下了本已荒废多年的城市建设，大建宫殿。

这一时期著名的有枫丹白露宫、卢浮宫和凡尔赛宫。

枫丹白露，法语意思是"美丽的泉水"，可见其风景之优

枫丹白露宫

美。早在 1137 年，路易七世就在离巴黎 60 公里的这块地方建起了国王的狩猎行宫。后来几经改建。16 世纪时，弗朗索瓦一世羡慕罗马的建筑，把它改造成了文艺复兴风格加法国传统风格的大型宫殿加花园。自此，有的国王在这里常住，有的在这里结婚、打猎或接待外国元首。就跟清朝的圆明园似的。

枫丹白露宫周围有 1.7 万公顷的森林，建筑的主体包括一座塔、六座王宫、五个院落和四个花园。

卢浮宫建于 1204 年，是一座真正的王宫。它位于巴黎市中心，塞纳河边。这里曾先后居住过 50 位国王、王后。

说起卢浮宫的设计建造，又是一本难念的经。

卢浮宫始建于 12 世纪末（1190 年动工），最初其实是用作监狱与防御性的城堡，四周有城壕，其面积大致也就相当于今卢浮宫最东端院落的四分之一吧。

14 世纪，法王查理五世不知道哪根筋一动，觉得这座监狱比位于塞纳河当中的城岛（西岱岛）的王宫更适合居住，于是搬迁至此。在他之后的法国国王大概想起这儿曾经是监狱，心里有点不舒服，再度搬出卢浮宫，直至 1546 年，弗朗索瓦一世才成为居住在卢浮宫的第二位国王。弗朗索瓦一世特喜欢河边的这块地方，于是命令建筑师皮埃尔・勒柯（Pierre Lescot）按照文艺复兴风格对其加以改建，于 1546—1559 年修建了今日卢浮宫建筑群最东端的卡利庭院（Cour Carree）。

1564 年，已经当了王太后的凯瑟琳因忍受不了丈夫亨利二世给情人戴安娜做的无处不在的雕像，在卢浮宫对面修建杜伊勒里宫，自己住到了杜伊勒里宫图清静去了。对卢浮宫的扩建工作再度停止。

50 年以后，孙子辈的亨利四世和路易十三对祖宗们的爱恨情仇早已淡漠，于是修建了连接卢浮宫与杜伊勒里宫的花廊，把两个横条连成了一体，成了如今所见的“Π”形平面。

1667 年，路易十四令建筑师比洛（Claude Perrault）和勒沃（Louis le Vau）对卢浮宫的东立面按照法国文艺复兴风

枫丹白露宫的中心部分

格（法国古典主义风格）加以改建，改建工作从 1624 年持续到 1654 年。

1682 年法国宫廷移往凡尔赛宫后，卢浮宫的扩建再度终止。路易十四曾打算把卢浮宫给拆了，但后来让人一劝又改了主意，让法兰西学院、纹章院、绘画和雕塑学院以及科学院搬入卢浮宫的空房。

1750 年，路易十五又打算拆除卢浮宫。但由于缺乏足够的金钱来雇佣工人，该宫殿得以幸存。真不明白这俩国王咋想的，好好的建筑，干吗老是要拆呢?

卢浮宫东立面是欧洲古典主义时期建筑的代表作品。卢浮宫自东向西横卧在塞纳河的右岸，两侧的长度均为 690 米，整个建筑壮丽雄伟。它的东立面全长约 172 米，高 28 米，上下按一个完整的柱式分作三部分：底层是基座，中段是两层高的巨柱式柱子，再上面是檐部和女儿墙。主体是由双柱形成的空柱廊。中央和两端各有凸出部分，将立面分为五段。遗憾的是法国传统的高坡屋顶不见了，被意大利式的小坡顶取而代之。卢浮宫东立面在高高的基座上开小小的门洞供人出入。用来展示珍品的数百个宽敞的大厅富丽堂皇，大厅的四壁及顶部都有精美的壁画及精细的浮雕。

法国国王对艺术品的收集始于弗朗索瓦一世时期，弗朗索瓦一世曾从意大利购买了包括油画《蒙娜丽莎》在内的大量艺术品。以后的历代国王都不惜重金从意大利、佛兰德斯和西班牙

法国 巴黎 卢浮宫

购入艺术品。1793 年 8 月 10 日，法兰西第一共和国政府决定将其作为博物馆向公众开放，命名为“中央艺术博物馆”。11 月 8 日，博物馆正式开放，展出了 587 件艺术品。

“二战”期间，眼看德国军队要打进来了，政府打开了卢浮宫的大门，号召巴黎市民把珍贵的艺术品能搬的都搬家去，来了个“藏画于民”。当然，有关方面造册登记了，毕竟是国宝啊。

“二战”结束后，博物馆一声令下，当初藏画的人如数交回，竟无一件丢失！

素质啊！

如今，卢浮宫是世界四大知名博物馆之一，每日游人如织。

我之所以去卢浮宫，倒不是看《蒙娜丽莎》，而是看贝聿铭给它做的玻璃的倒三角锥形入口，人称“玻璃金字塔”。感觉不错，新老结合很是独特。

再一座著名的宫殿是凡尔赛宫。

凡尔赛宫所在地区原来是一片森林和沼泽荒地。1624 年，法国国王路易十三买下了一大片荒地，在这里修建了一座二层的红砖楼房，用作狩猎行宫。

16—17 世纪，巴黎不断发生市民暴动，烦不过的路易十四决定将王室迁出混乱的巴黎城。经过考察和权衡，他决定以凡尔赛行宫为基础建造新宫殿。为此又征购了 6.7 平方公里的土地。园林设计师安德烈·勒诺特尔（André Le Nôtre）和建筑师路易·勒沃（Louis Le Vau）担纲设计。

勒诺特尔在 1667 年设计了凡尔赛宫花园和喷泉，勒沃则在狩猎行宫的西、北、南三面添建了新宫殿，将原来的狩猎行宫包围起来。原行宫的东立面被保留下来作为主要入口，修建了大理石庭院（Marble Court）。

1674 年，建筑师儒勒·哈杜安·孟萨尔增建了宫殿的南北两翼、教堂、橘园和大小马厩等附属建筑，并在宫殿前修建了三条放射状大道。为确保凡尔赛宫的建设顺利进行，路易十四甚至下令 10 年之内在全国范围内禁止其他新建建筑使用石料。

凡尔赛宫主体部分的建筑工程于1688年完工，而整个宫殿和花园的建设直至1710年才全部完成，随即成为欧洲最大、最雄伟、最豪华的宫殿建筑，并成为法国乃至欧洲的贵族活动中心、艺术中心和文化时尚的发源地。在其全盛时期，宫中居住的王子王孙、贵妇、亲王贵族、主教及其侍从仆人竟达3.6万名之多。还驻扎有多达1.5万人的卫队。为了安置其众多的“正式情妇”，路易十四还修建了大特里亚农宫和马尔利宫。路易十五和路易十六时期，在凡尔赛宫花园中又修建了小特里亚农宫和瑞士农庄等建筑。

法国大革命时期，凡尔赛宫被民众多次洗掠，宫中陈设的家具、壁画、挂毯、吊灯和陈设物品被洗劫一空，宫殿门窗也被砸毁拆除。看来法国人的素质也是后来一点点提高的啊，过去也不行。

1793年，宫内残余的艺术品和家具全部被运往卢浮宫。此后凡尔赛宫沦为废墟达40年之久，直至1833年，奥尔良王朝的路易·菲利普国王才下令修复凡尔赛宫，将其改为历史博物馆。

凡尔赛宫宫殿为古典主义风格建筑，立面为标准的古典主义三段式处理，即将立面划分为纵、横三段，建筑左右对称，造型轮廓整齐、庄重雄

凡尔赛宫中段上层

伟，被称为理性美的代表。其内部装潢则以巴洛克风格为主，少数厅堂为洛可可风格。

凡尔赛宫的建筑风格引起俄国、奥地利等国君主的羡慕仿效。彼得一世在圣彼得堡郊外修建的彼得大帝夏宫，腓特烈二世和腓特烈·威廉二世在波茨坦修建的无忧宫以及巴伐利亚国王路德维希二世修建的海伦基姆湖宫都仿照了凡尔赛宫的宫殿和花园。

凡尔赛宫

但是，凡尔赛宫过度追求宏大、奢华，却不适于人居。宫中竟然没有一处厕所或盥洗设备，连王太子都不得不在卧室的壁炉内便溺。皇上如何解决内急问题，不得而知。看来，外国皇上的待遇真不如中国皇上啊！瞧咱皇上，走到哪儿后面都跟着抬马桶的，捧食盒的，拿衣服的，带脸盆的，无比周到。

羡慕吧！

# 俄罗斯的“洋葱头”

俄罗斯民族是个特别的民族，很有自己的特点。建筑上也是如此。

俄罗斯大地几乎就是一个大森林，木材极其充裕，因而木头成了主要的建筑材料。俄罗斯寒冷多雪，木屋主要的功能就是保温，粗大的原木在墙角处相互交叉是这种木屋的主要特征。另外，为了不被厚厚的雪压塌了，屋顶的坡度陡得很。

13 世纪，当欧洲都在进步时，俄罗斯却被蒙古给占领了，过了 200 年暗无天日的日子，什么都耽误了。直到 15 世纪末，俄罗斯在莫斯科大公的领导下，开始抵抗蒙古人。1552 年，他们攻破了蒙古人在俄罗斯土地上最后一块地盘——喀山汗国。几个世纪的奴役终于结束了。当时的沙皇伊凡四世（人称伊万雷帝）下令建一座纪念性强的教堂。不久，这里埋葬了东正教圣人瓦西里·伯拉仁诺，后人就称这座新教堂为瓦西里·柏拉仁诺教堂（又称圣瓦西里大教堂）了。

因为俄罗斯也信奉东正教，不免受拜占庭的影响。瓦西里·伯拉仁诺教堂就是一座掺杂了希腊风格的拜占庭式教堂建筑。其特点是整座教堂由9个墩式形体组合而成，中央的一个最高，近50米，越来越尖的塔楼顶部突然又出现了一个小小的葱顶，上面的十字架在阳光的照射下熠熠发光。在高塔的周围，簇拥着8个稍小的墩体，它们大小高低不一，但都冠以圆葱似的头顶，而这些葱头的花纹又个个不同，它们均被染上了鲜艳的颜色，以金、黄、绿三色为主，活像是一团熊熊燃烧的火，而螺旋式花纹还造成了葱顶很强烈的动感。上面各有一个大小不一的穹顶。虽然这九座塔彼此的式样、色彩均不相同，但却十分和谐，更难得的是它与克里姆林宫的大小宫殿、教堂搭配出一种特别的情调，为整个克里姆林宫增辉添彩。大克里姆林宫坐落在教堂广场附近，它是沙皇的宫殿。

为了使世界上不能再建成这么美丽的建筑，当年的伊凡雷帝在教堂竣工时弄瞎了所有参与的建筑师的双眼！这位连自己的儿子都杀的伊万雷帝，真是什么都干得出来。

俄罗斯实现了民族独立后，日益高涨的民族意识带动了民族文化的发展，就是从瓦西里教堂开始。自此，俄罗斯建筑开始摆脱了对拜占庭文化的追摹，更多的民间传统建筑被发扬光大，形成了独特的民族传统建筑风格。

圣瓦西里大教堂

第四讲

# 大革命时期英法建筑

## 英国：
## 格林尼治建筑群

不知道为什么，当整个欧洲还在混混沌沌的封建制度统治下四分五裂着，法国和俄罗斯刚刚确立了君王的统治地位，英国

格林尼治建筑群

却率先闹起了革命。不过那会儿英国还没什么大工厂，尽是些小作坊。作坊主革命，能闹出多大动静来呀。闹腾了几年后，1649 年算是建立了共和国，可才过了 10 年，因为对付不了老百姓的不满，资产阶级向封建王朝妥协，斯图亚特王朝复辟。又混了 30 年，资产阶级觉得还是自己掌权好，让国王当摆设吧。于是 1688 年建立了君主立宪的国家，直到现在。英国女王都老迈年高了，还没“下岗”呢。

那阵子净闹了，没工夫搞建设，加上 1666 年伦敦大火，几乎夷平了整个城市，更加没钱了。王朝复辟期间倒是建了一些

王宫，可也没什么自己的风格。不是仿凡尔赛，就是抄荷兰。

稍微值得一表的算是克里斯道弗设计的格林尼治建筑群了。这个建筑群始建于 1696 年，用了 19 年的工夫才完工。起先是当王宫用，后来在内战中荒废，以后又改成了海军士兵的养老院。

建筑群的布局还是蛮气派的，按中国的说法，它是个两进的大院子，第一进面向泰晤士河，第二进地势高了一些，也窄了一些。建筑群体型变化很大。视线的集中点是一左一右的立于转角处的两个塔。至于风格嘛，就算是古典式的吧。柱子用的塔斯干，这是后来罗马在希腊柱式上发展的一种柱式，类似多立克。

格林尼治建筑群之右半部

## 法国：万神庙和凯旋门

倒是法国闹得比较欢实。法国的封建体制很是成熟，新兴的资产阶级要想推翻它，着实费了点儿劲。

1789 年，资产阶级就革了一回命，打跑了路易十六（后来他上了断头台），希望建立君主立宪。雅各宾派们不满意，又革了一回命，于 1793 年掌权，1794 年又被颠覆。我们都看过雨果的最后一部长篇小说《九三年》和一幅半裸女人高举着旗子带领人们冲锋的油画《自由引导人民》，还听说过攻占巴士底狱，没准还会唱《马赛曲》（后来成了法国国歌）。这些林林总总的热闹，表的都是同一出戏——法国资产阶级大革命。

革命带来了思想的启蒙运动，其直接后果是主张共和，因而当权者借用了古罗马的共和概念，也借用了古罗马的艺术形式，包括竖向三段横向五段的构图，都被崇拜者认为是最美的。我们统称这一时期的建筑为复古派。复古派很快席卷了整个欧洲。看来那地方确实小，什么流行起来都很快。

在这一大流派中，由于所复古的对象，或者说所模仿的根

巴黎万神庙

源不同，又可分成三个小流派，一派为古希腊、罗马建筑复古派；一派为哥特式建筑复古派；一派为折中派。

法国人主要喜欢古希腊、古罗马。巴黎万神庙和巴黎凯旋门是这一流派的杰出代表。

巴黎万神庙（又称先贤祠）本来是为巴黎的守护者圣什内维埃芙建的教堂，1791 年被当作伟人公墓，并改名为万神庙，意思大概是说伟人们都是神吧。

巴黎万神庙

巴黎万神庙建在一个小山岗上，平面是希腊十字，也就是说，横竖一边儿长，长宽都是 84 米。长轴加上柱廊，总共 110 米，够赛跑用的了。

巴黎万神庙的重要成就之一是结构空前地轻。墙薄、柱子细。原来穹顶下面的柱子也特细，后来地基沉降，基础出现裂缝，就把柱子改成了墩子，但这墩子也比同类的要小得多。万神庙西面柱廊有六根 19 米高的柱子，上面顶着三角形山花，下面没有基座层，只有十一步台阶。它直接采用古罗马庙宇正面的构图。穹顶是泥捏的，内径 20 米，中央有圆洞，可以见到第二层上画的粉彩画。穹顶是三层的，顶端采光亭的最高点高 83 米。它的形体很简洁，几何性明确，下面是方的，上面是圆柱形的，最顶上是球锥形，当中夹了个三角形。它力求把哥特式建筑结构的轻快同希腊建筑的明净和庄严结合起来。

把它和罗马万神庙比较一下，可以明显地看出它是在学习罗马万神庙的基础上加以简化的。

巴黎的另一个，也是最令人称道的建筑物要算是凯旋门了。

1805 年 12 月 2 日，拿破仑率领的 7.3 万法国军队只用了 5 小时，从半夜打到清晨，就在奥斯特利茨战役中打败了 8.6 万人的俄奥联军。参战三方都是御驾亲征：法国拿破仑、俄国亚历山大一世、奥地利弗朗西斯二世。这一仗能打胜，够拿破仑得意一辈子的啦！我在卢浮宫见过一幅画，表现的就是这次战役，画名《奥斯特利茨的太阳》。为了炫耀国力，并庆祝这次战争的胜利，1806 年 2 月 12 日，拿破仑宣布在星形广场（今戴高乐广场）兴建一座凯旋门，以迎接日后胜利而归的法军将士。同年 8 月 15 日，按照著名建筑师夏尔格兰的设计开始破土动工。但后来拿破仑在滑铁卢败走麦城，以后又被推翻，凯旋门工程中途停工。1830 年波旁王朝被推翻后，工程才得以继续。断断续续又经过了 30 年，终于在 1836 年 7 月 29 日，凯旋门举行了落成典礼。这会儿拿破仑已经死了 15 年喽。

巴黎凯旋门

说一段题外话。“拿破仑”这个词的翻译实在成问题。人家名字的法语是 Napoléon Bonaparte。哪怕给翻译成那坡里奥呢，也不至于让民国年间的军阀韩复榘出那个笑话。韩复榘做山东省主席时（1930 年），亲自给学生出一作文题：《论项羽拿破仑》。于是一考生写道：“话说项羽力大无比，某次战役要丢了兵器，于是乎拿起一个破轮子抡将起来……”

其实凯旋门是欧洲古已有之的一种建筑形式。某个大人物打了一胜仗，就在某地建那么一座类似大门的东西。在欧洲的许多地方你都可以看见它们。而巴黎的这座凯旋门是以古罗马单拱形凯旋门为蓝本。但它的位置极重要，在香榭丽舍大街正当中，而且规模庞大。这座凯旋门高 49.54 米，相当于 16 层楼房，宽 44.82 米，厚 22.21 米，中心拱门高 36.6 米，宽 14.6 米。在凯旋门两面门墩的墙面上，有 4 组以战争为题材的大型浮雕。著名的浮雕《出征》（又名《马赛曲》）就刻在拱门的右侧。拱门两旁还有六组浮雕。

凯旋门的拱门可以乘电梯或登石梯上去，石梯共 273 级，上去后第一站有一个小型的历史博物馆，还有两间配有法语解说的电影放映室。再往上走，就到了凯旋门的顶部平台，从这里可以鸟瞰巴黎。

自从这座凯旋门建好之后，去巴黎的外国人没有不去看看的。

浮雕《出征》

# 第五讲 十九世纪欧洲建筑

历史的车轮转到了 19 世纪。各式各样的科技成果相继问世。蒸汽机、电器令世界的面貌大不同于以前了。

建筑上也有了新气象。尽管形式上可能一时半会儿还创新不了，但由于钢筋混凝土的出现，结构已经悄然地在变化着。不过，您别心急。复古派还且得折腾一阵子呢。

## 各类复古派建筑

哥特复古派在英国典型的建筑杰作是英国国会大厦（House of Parliament）。它被不同的国人翻译成西敏寺或威斯敏斯特宫（Palace of Westminster）。现存建筑完工于1852年，是一个

英国国会大厦

英国国会大厦（西敏寺）

由上议院、下议院、威斯敏斯特教堂、钟楼、维多利亚塔等组成的建筑群。整个国会大厦的建筑形式，都是哥特式的，强调垂直线，注重高耸、尖峭。不过它与哥特式教堂还是有所区别的，明显地比较世俗化，而不是刻意地表现骨瘦如柴的感觉。

折中派的建筑主要盛兴于法国。它的特点是以历史为蓝本，但不拘于哪一个时代的建筑，也不专注于哪一种风格，常常是将几种风格集于一身，故人们又戏称之为“集仿主义”，或如北京

巴黎歌剧院

人的一道菜——“折箩”（北京方言，也作“合菜”，指吃完酒宴后将没有被动过的菜倒在一起而成的菜）。较为典型的例子是拥有 2200 个座位的巴黎歌剧院。

巴黎歌剧院是由折中主义的狂热崇拜者查尔斯·加尼叶于 1861 年所设计的。从正面看，这座建筑有一排宏伟的柱廊，在正立面上又采用了“洛可可”的装饰风格，雕刻上了极其烦琐的卷曲草叶和花纹，将新兴资产阶级对财富的炫耀尽展于此种华丽的风格上，把当时的工匠和如今的我累得够呛（画这张画儿）。

德国科隆大教堂（Kölner Dom）是另一个怪物，时断时续地建了 600 多年，以至于建造年代都成了问题，唯一可以确定的是，它是极其标准的哥特式建筑。

德国科隆大教堂

论高度，科隆教堂算不上世界第一，157 米高的钟楼使它成为德国第二（仅次于乌尔姆市的乌尔姆大教堂）、世界第三高的教堂。但它的工期绝对排得上世界之最：600 年！

1248 年 8 月 15 日，新教堂在科隆大主教的主持下开土动工。建筑为哥特式，由建筑师 Gerhard von Rile 以法国亚眠的主教座堂为蓝本设计。之后建造工程时断时续，300 多年后的 1560 年因为资金原因完全停工。于是，未完工的主教座堂统治了科隆的城市轮廓线 300 多年，至 1880 年才由德皇威廉一世宣告完工。

科隆大教堂前的雕塑

下面是一些有点枯燥的数字：塔高，157.3米，相当于现代的45层楼高。大厅高度42米，纵长144.58米，横宽86.25米，面积7914平方米。平面是罗马式十字形。

科隆大教堂给我印象最深的还不是它的高耸，而是正面的雕塑。作为建筑的附属品，它的雕塑做得极其精美，堪比单个的人物雕塑作品。特别说明一下，上图中那只鸽子不是作品的内容，它是活的，是我为增加摄影趣味，等了半天等来的。

复古派在建筑艺术方面创造了多个杰作，也就完成了它由古代向现代过渡的历史使命。

## 始于博览会的新建筑风格

18 世纪中叶，随着瓦特发明蒸汽机，英国首先开始了工业革命。到了 19 世纪，西欧和北美先后进入工业化时期。据美国学者赫尔曼·卡恩的研究，西欧、北美 16 个工业国从公元元年到 20 世纪初，近两千年间的国民生产总值年平均增长率为 0.2%，而在 1870—1976 年这一百多年间，它们的国民生产总值年平均增长率为 2.8%。可见当时这些国家的经济实在称得上是“大跃进”了。

在这一时期，机器生产迅速取代手工业生产，工厂生产出来的铁和水泥开始用来盖房子。不久以后，钢和钢筋混凝土成了大型房屋的主要结构材料，房屋结构也由经验阶段走向计算的阶段。房屋的材料和技术出现了革命性的大变革。同时，随着城市的扩大和人们日常生活的复杂化，建筑物类型大大增加，不再是除了教堂就是住宅。人们要看电影、开博览会、举行体育比赛等。这些活动对房屋提出了多样复杂的要求。

再有呢，从房屋里面的设备来看，在 19 世纪以前，设备一直非常简单，盖房子基本上是造一个遮风挡雨的壳子，采暖用炉子，没什么上下水，更没有电梯。到了19世纪，情况改变了，电梯、给水设施、排水设施、供暖设备等渐渐成为重要建筑物的必需品。建筑设备方面的进步大大提高了房屋的使用质量。

随着国际交流和商业活动的增加，博览会在19世纪开始兴盛起来，它们是工业、商业和交通运输业大发展的产物和标志。在19世纪，最突出的是1851年和1889年的两次大型博览会。

对于1851年博览会的建筑，我要多说几句，因为它可以说是现代建筑的报春花、领头羊。

1851年5月1日，在英国伦敦的海德公园里，全球第一个世界性博览会揭幕，女王维多利亚亲自出席开幕式。

出席开幕式的人惊讶地发现，自己正在一个前所未见的、高大宽阔而又非常明亮的大厅里面。在一片欢腾的气氛中，乐队高奏“天佑吾皇”，维多利亚女王在乐曲声中剪彩。展馆内飘扬着各国国旗，室内的喷泉吐射着晶莹的水花。屋顶是透明的，墙也是透明的，到处熠熠生辉。人们恍惚走进了仙境，做了个“仲夏夜之梦”。于是他们把这座从来没有见过的建筑物称作“水晶宫”（Crystal Palace）。

这次博览会共展出来自英国和世界各地的展品1.4万件，其中一半出自英国本土和它的殖民地；法国送来展品1760件，美国送来560件。展品中小的有新近问世的邮票、钢笔、火柴，大的有自动纺织机、收割机乃至几十吨重的火车头、700马力的

博览会开幕式

轮船引擎。这些产品全都从容地放在展馆里，一点儿不嫌拥挤。展厅内部空间之大，令人非常吃惊。

关于“新近问世的邮票”，我想多说几句，因为我从小就集邮。

第一张邮票是什么时候，因为什么诞生的？这里有一个故事：

一天，乡绅罗兰·希尔在乡间散步，看到一个邮递员正在把一封信交给一个年轻姑娘，那姑娘接过信只在信封上看了一下就把信塞回给邮递员，执意不肯收下。希尔走上前，问她为何不收下这封信，姑娘凄然地告诉他，这是她远方的未婚夫的来信，因邮资昂贵，她付不起这笔钱，只好原信退回。这一次偶然的巧遇，使希尔下决心要改革邮政制度，于是他向英国政府建议：今后凡寄信，须由寄信人购买邮票，贴在信封上，作为邮资已付的凭证。

1840 年 1 月 10 日，英国政府决定采纳希尔的建议，实施新邮政法。信函基价规定为每半盎司（相当于 14 克）收费 1 便士。1840 年 5 月 1 日，世界上第一枚邮票正式发行，5 月 6 日开始使用。邮票的图案为英国维多利亚女王侧面浮雕像，黑色，面值 1 便士，人们称之为“黑便士邮票”。

闲言少叙，书归正传。对于这次博览会的成功召开，维多利亚女王特别兴奋。她在自己的日记里记下当天的感受：“一整天就只是连续不断的一大串光荣……亲爱的艾伯特，一大片艾伯特的光芒……一切都是那么美丽，那么出奇……太阳从顶上照进来……棕榈树和机器……人人都惊讶，都高兴。”

日记中提到的艾伯特，就是女王的丈夫艾伯特亲王，是他全盘主持了博览会的筹备和会场建造工作。

起初一切都很顺利，厂家热烈拥护，各殖民地也纷纷表示赞同，许多大国也愿送来展品。艾伯特在市内海德公园选好地址，并得到了政府的批准。

然而，在博览会的建筑问题上出了问题：博览会预定在 1851 年 5 月 1 日开幕，此时已经是 1850 年初。当务之急是做

黑便士邮票

出博览会的建筑方案设计。1850 年 3 月，筹委会宣布举行全欧洲的设计竞赛。消息一出，各国建筑师踊跃参加，共收到 45 个方案。但评审下来，竟然没有一个合用。首要的问题在于，从设计到开幕，一共只有一年零两个月，而博览会结束后，展馆还得迅速拆除。也就是说，这座展览馆既要建得快，又要拆得快。其次，展馆内部要求有宽阔的空间，里面要能陈列像火车头那样大的家伙，还要能容纳大量观众，还得有充足的光线，好让人能看清展品。当然，还得有一定的气派，不能搞个临时性的棚子。这简直就是“又要马儿跑，又要马儿不吃草”的难题。

看惯了罗马希腊建筑的大师们脑子里都是砖石建造的厚墙胖柱的建筑物。许多人提出的方案都是伦敦圣保罗大教堂的翻版。

先别说这类建筑的空间有限，大型展品如何抬进那些高台阶就让人大费周章；更要命的是，没有一个方案能够在 1 年多的时间里建成。

正当艾伯特一伙人焦头烂额时，一个人出现了。此人名叫帕克斯顿，时年 50 岁。他找到筹委会，说自己能拿出令他们满意的方案。筹委会将信将疑，可又没别的办法，只好答应让他试试。

帕克斯顿和他的合作者忙了 8 天，拿出了一个方案，还有预算。他的方案与所有人的都不相同。那是一个用铁棍子、铁杆子组成的大大的框架，外面铺上玻璃，看上去就是一个大花房，不过倒是好建好拆。筹委会反复研究后，感到满意，终于同意了这个方案。那是在 1850 年 7 月 26 日，距博览会开幕还有 9 个月。

这个铁架子长 1851 英尺（481.8 米），正合博览会开会的年份；宽 408 英尺（124 米）。上下共 3 层，由底往上逐层缩进。正当中是凸起的圆拱。中央大厅宽 72 英尺（22 米），最高点高 108 英尺（33 米），左右两翼高 66 英尺（20 米），两边有 3 层展廊。展馆占地 77.28 万平方英尺（7.15 万平方米），建筑总体积 3300 万立方英尺（93.45 万立方米）。展馆的屋面和墙面，除了铁柱铁梁外，就是玻璃。

帕克斯顿，何许人也，是建筑师吗？答曰：否。他出身农民，23 岁起在一位公爵家里当花匠，后升为花园总管。他曾为公爵造过一个折板形屋顶的温室。凭着这些经验，他去博览会筹委会毛遂自荐。

别看他受教育程度不高，办事还真科学：自己的方案通过后，帕克斯顿立即找来一位铁路工程师，跟他研究具体做法，又同材料供应商及施工方一起研究构造细节。他们甚至做了局部模型，试验安装满意之后，才找来工程公司画施工图。

正因为帕克斯顿不是建筑师，他不熟悉正统建筑的老一套，他脑子里也没有古罗马古希腊的固定建筑式样，没有条条框框，使事情得以成功。

这个方案一经被采用，立即招来许多非议。

以《泰晤士报》为中心，一派人反对在海德公园建这个庞大的铁和玻璃组成的“怪物”。反对声浪之大，使得这个“怪物”几乎被逐出海德公园，被赶到郊外去。幸而在激烈的辩论中，赞同的一派占了上风，才保住了这个展馆。

随着工地上这个大家伙一天天“长大”，反对的声浪又大了起来。各种各样的意见都有：有人反对把一棵大榆树包在建筑物里面；有人断言屋顶一准会漏水；有人说会有无数麻雀从通气孔里钻进去，然后满处拉鸟粪，损坏展品；有人预言，展馆将是欧洲各种反动分子和暴徒的集合处，开幕之日就是暴动之时；还有些教徒说举办博览会根本就是狂妄的举动，上帝将会因此惩罚英国。有位上校更是激愤地说，他要祈求上苍降下冰雹，砸毁“那个可诅咒的东西”。

水晶宫的一个面

艾伯特毫不动摇，他顶着压力推进工程。展览馆工程在艰难中向前推进着。但施工进度却是神速的。虽然从批准方案到博览会开幕仅有 9 个月，但整个工程却在 4 个月内就完成了。这完全归功于预制：所有铁件和玻璃都在工厂里生产好、裁剪好，工地所要做的只是安装，连水泥活都极少。

整个工程用去 3300 根铸铁柱子和 2224 根铸铁和锻压的铁桁架和梁。柱子和梁之间有专门的连接件，可将上下左右的梁柱迅速而方便地连为一体。大量屋面和墙面的玻璃只用同一种型号，即 49 英寸 × 10 英寸（124 厘米 × 25 厘米）。这是当时英国所能生产的最大面积的玻璃了。工厂基本只生产这一种尺寸的玻璃，速度自然很快。而工地上的工人也省心：80名工人一周能安装18.9万块玻璃，够快的吧！这个工程所用的玻璃面积为89.99万平方英尺（8.36万平方米），总重400吨，相当于1840年英国玻璃总产量的1/3。要说帕克斯顿也够可以的，当年不定有多少人因为要给自家的窗户安玻璃而被告知“没货”。

1851年5月1日，博览会按时开幕。在近六个月里，参观人数超过600万。其中有相当一部分外国人。他们从世界各地来到这个工业最先进的国家，第一次坐上了火车，第一次看到许

水晶宫的另一个面

室内的植物

万国工业博览会一景 —— 水晶宫

机器馆内部

多前所未见的新鲜东西，眼界大开。这次博览会在经济上也获得了成功：纯利润有 16.5 万英镑（当时合 75 万美元）。这相当一部分是因为水晶宫的造价实在太便宜：按建筑体积算，每立方英尺的造价只有 1 便士！

为了保持展览馆的辉煌，主办方在室内点了无数盏灯。可那是 1850 年，发明电灯的美国人爱迪生才 3 岁，还不认字呢。展览馆的照明全靠一种煤气灯。想来那东西亮度有限。全靠四面八方的玻璃，大厅里才能亮堂堂的。

博览会结束后，筹委会申请保留该建筑，未获批准。1852 年 5 月，在它存在了 1 年后，开始被拆除。很有点儿商业头脑的帕克斯顿成立了一个公司，买下全部材料和构件，运到伦敦南郊的锡登翰（Sydenham）重建，并扩大了规模。新水晶宫于 1854 年 6 月竣工，出于对它所作贡献的奖励，维多利亚女王亲临剪彩。新馆用于展览、娱乐和招待活动，十分火爆。可惜 12 年后的 1866 年，火灾把一部分给烧毁了。1936 年，再次发生火灾，仅有两座高塔幸存。“二战”期间，为避免成为德军轰炸目标，于 1941 年彻底拆除。

有关水晶宫的几个人物，也交代一下：艾伯特亲王于 1861 年 11 月染上伤寒，又被医生误诊，当年去世，年仅 42 岁。维多利亚女王失去丈夫，极度悲痛，消沉了十年之久。但她一直活到了 82 岁时才去世。在那会儿，就算长寿了。

帕克斯顿建造水晶宫有功，被封爵士，并当上国会议员，可

伦敦圣保罗大教堂

说是一步登天。1865 年去世，享年 62 岁。

现在，让我们把水晶宫和同在伦敦的圣保罗大教堂作个简单的比较吧。因为许多建筑师曾经希望以它为蓝本建博物馆。

圣保罗大教堂的建筑面积比水晶宫少 1/3，和水晶宫墙厚之比是 21 ∶ 1（前者 14 英尺，即 4.27 米；后者仅 8 英寸，即 20.3 厘米）。从工期来看，圣保罗大教堂从 1675 年修到了 1716 年，用了 42 年，而水晶宫用了 17 周，二者的比例是 128 ∶ 1。

伦敦圣保罗大教堂

当然，这两个建筑物性质不同，功能不同，建造年代不同，长相也不同。这里举它们的例子，只是要说明老办法不能解决新问题。

下面的两个例子显然是在水晶宫的感召下出现的，虽然也算是大胆，也属于先锋，究竟还是第二个吃螃蟹的了。

1889 年是法国大革命一百周年的年份，为此，在法国举办的博览会上有两座突出的建筑物：一个是机器陈列馆，另一个是高 300 米的埃菲尔铁塔。

机器馆是那次博览会上最重要的建筑之一，它运用当时最先进的结构和施工技术，采用钢制三铰拱，跨度达到 115 米，堪称跨度方面的飞跃！陈列馆共有 20 榀这样的钢拱，形成宽 115 米、长 420 米，内部毫无阻挡的庞大室内空间。钢制三铰拱最大截面高 3.5 米，宽 0.75 米，而这些庞然大物越接近地面越窄，在与地面相接处几乎缩小为一点，每点集中压力有 120 吨，陈列馆的墙和屋面大部分是玻璃。这个大家伙是继伦敦水晶宫之后又一次使人惊异的建筑内部空间。

建筑领域里已经开始出现了不少新鲜事物。但是直到 19 世纪末，建筑概念、建筑理论、建筑设计的方法，特别是建筑艺术观念却极少改变。要说起来，那阵子西方人也挺保守的。对于许多人来说，陈腐的传统建筑观念仍然牢牢地占据着他们的头脑，历史流传的古老的建筑样式仍被视为至高无上的、永恒的、法律性的东西。

埃菲尔铁塔应该算是巴黎博览会的配套设施。它得名于其设计师——桥梁工程师居斯塔夫·埃菲尔。1889 年 5 月 15 日，为给世界博览会开幕式剪彩，居斯塔夫·埃菲尔亲手将法国国旗升上铁塔的 300 米高空。人们为了纪念他对法国和巴黎的这一贡献，特地还在塔下为他塑造了一座半身铜像。

菲尔铁塔占地 1 公顷，耸立在巴黎市区塞纳河畔的战神广场上。除了四个脚是用钢筋水泥之外，全身都用钢铁构成，塔身总

埃菲尔铁塔

重量 9000 吨。塔分三层，从塔座到塔顶共有 1711 级阶梯，第一层高 57 米，第二层 115 米，第三层 276 米。除了第三层平台没有缝隙外，其他部分全是透空的。要是徒步爬上去，可真够呛的，幸好现在已经安装了电梯，不必担心上不去了。

19 世纪以前，世界上跨度最大的建筑是罗马的万神庙和梵蒂冈的圣彼得大教堂。它们的圆穹顶直径都是 42 米。而世界上最高的建筑是德国乌尔姆市尖顶的大教堂，它的塔尖距地面 161 米。但 1889 年巴黎博览会的机器馆和铁塔，一个在跨度方面，一个在高度方面，都远远超过了先前所造的一切建筑物。

可惜当时的法国人真不开眼，他们对这个庞然大物恨得咬牙切齿。英国著名的学者、文学家、评论家拉斯金（John Ruskin，1818—1900）在 1849 年出版的关于建筑的著作中曾经这样写道："我们不需要新的建筑风格，就像没有人需要新的绘画与雕刻风格一样。"抱着这样的文化艺术观念，这位拉斯金对伦敦水晶宫和巴黎埃菲尔铁塔非但很看不上眼，并且简直就是怀有十分厌恶的心理。

19 世纪后期以提倡手工艺术而闻名的英国著名社会活动家 W. 莫里斯（Willian Moris，1834—1896）也是这样，他曾讥讽地说，他若再去巴黎，只愿待在铁塔底下，因为只有在那里，才能避免看见那到处可见的"丑恶的"的铁塔。当时社会上的一帮名流，包括我所崇拜的莫泊桑在内，联名给政府上书，要求拆掉埃菲尔塔，还得"尽快"！如今巴黎人最爱显摆的恐怕就算这

德国乌尔姆大教堂

个“丑恶东西”啦。

此一时，彼一时也。

以上提到的两位学究拉斯金和莫里斯的话不只说出他们两人的喜恶，而是代表着当时一大批欧美上层人士谨守旧规的社会文化心理。所以我们看到19世纪后期西方的不少重要的建筑物，尽管使用功能已有进步，有的还采用了新型铁结构，但是外壳仍然基本上套用历史上的建筑样式。美国国会大厦就是一例。

美国国会大厦坐落于首都华盛顿市中心一处海拔83英尺（25.3米）高的高地上。1793年，美国首任总统乔治·华盛顿亲自为它奠基，采用的是国会大厦设计竞赛的第一名获得者威廉·桑顿的设计蓝图，参议院一侧在1800年完工，众议院一侧在1811年完工。在1812年战争中，建筑曾被破坏，后修复。以后，随着美国州的数量越来越多，议员的数目也大大增加了，这样一来，原先的国会大厦不够用，于是大幅度地扩建，并且加了位于中央的巨型穹顶。

有了前面那些段落的铺垫，你看看这个国会大厦，像不像一个现代化的大楼加了个巴黎万神庙？

美国国会大厦

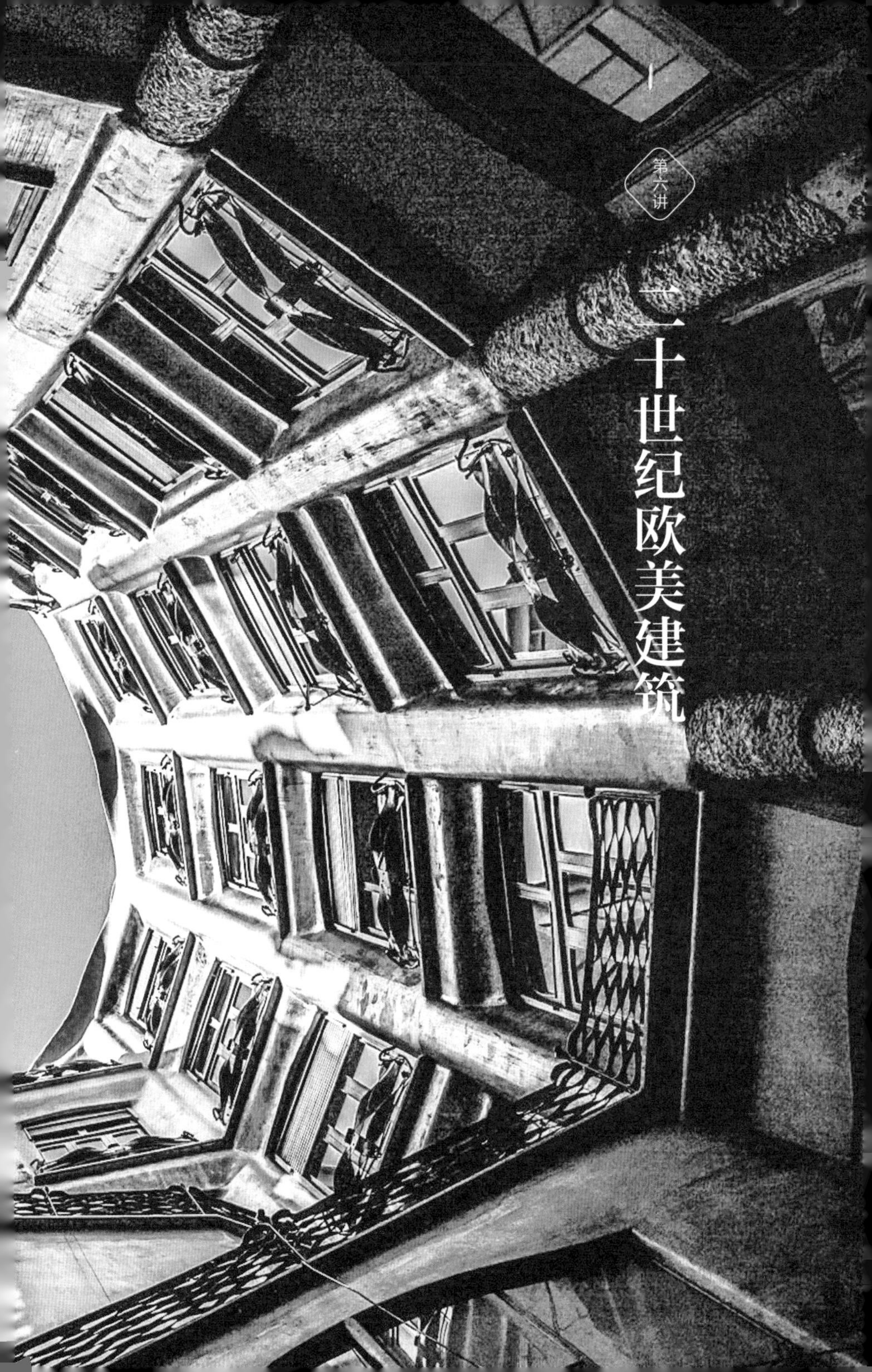

第六讲

# 二十世纪欧美建筑

## 古典风格建筑的延续

19 世纪的这种留恋古风的情形还延伸到 20 世纪，例如 20 世纪初在华盛顿建造的林肯纪念堂（1914—1922）和杰斐逊纪念堂（1938—1943）都采用十分地道的古典建筑式样。

林肯纪念堂 1913 年由美国建筑师亨利・培根设计，1914 年 2 月 12 日于林肯生日那天破土动工，1922 年 5 月 30 日竣工。它坐落在华盛顿摩尔林荫大道末端的一处人造高地上，整座建筑呈长方形，长约 58 米，宽约 36 米，高约 25 米，面积为 2200 平方米。纪念堂吸取了古希腊神庙的传统手法，看上去有点像帕特农神庙，但没有古希腊神庙常见的山花，而是一个退进去的屋顶层，放在古典柱式的顶部。36 根白色的大理石圆形廊柱环绕着纪念堂，象征林肯任总统时美国的 36 个州。每根廊柱的横楣上分别刻有这些州的名字。

纪念堂内部用排列柱将平面划分为一个主厅和两个侧厅，侧厅内墙壁上绘制了表现林肯一生中最显著成就和重要事件的壁画。

杰斐逊纪念堂坐落于华盛顿西波多马公园内，是为纪念美国

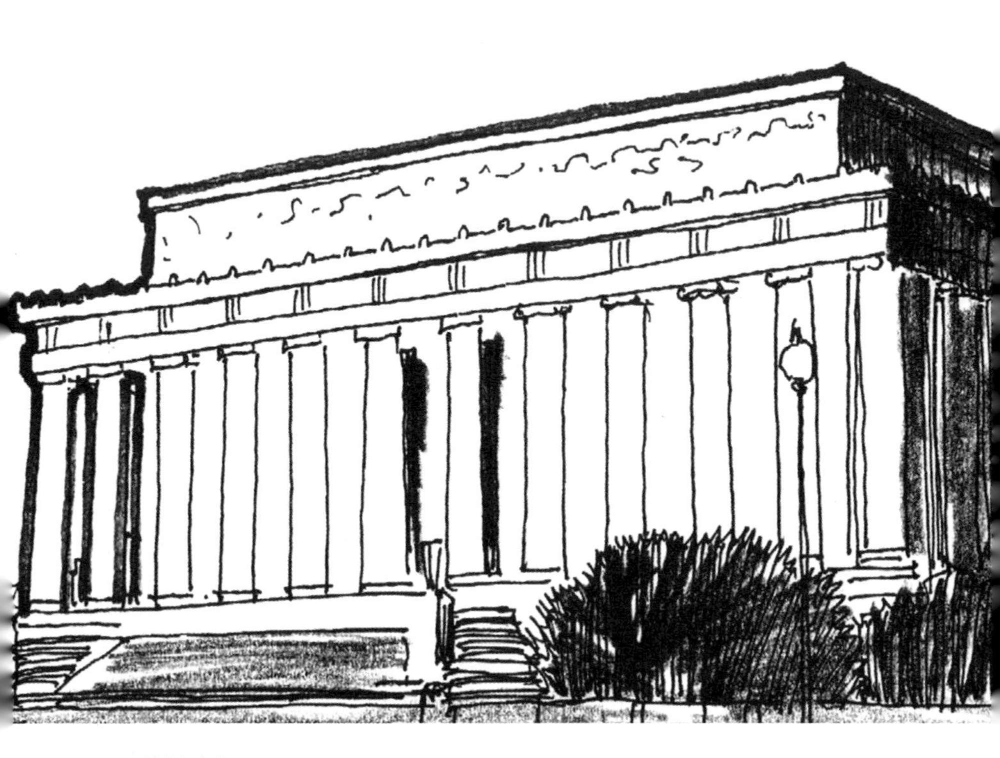

林肯纪念堂

IN THIS TEMPLE
AS IN THE HEARTS OF THE PEOPLE
FOR WHOM HE SAVED THE UNION
THE MEMORY OF ABRAHAM LINCOLN
IS ENSHRINED FOREVER

林肯纪念堂内景

杰斐逊纪念堂

第三任总统托马斯·杰斐逊而建。1938 年在罗斯福主持下开工。

这座纪念堂完全采用罗马神殿式圆顶建筑风格设计，是一座高 96 英尺（29.26 米）的白色大理石建筑。著名建筑师波普（John Russell Pope）被选为设计师。在纪念堂建造过程中，波普逝世，他的合作者奥托·埃格斯（Otto R. Eggers）和丹尼尔·希金斯（Daniel P. Hohhins）继续了波普的使命。1943 年 4 月 13 日是杰斐逊诞生 200 周年，杰斐逊纪念堂落成并向公众开放。

当然，对于纪念性的建筑，采用古典式样以求端庄，也是不错的选择。2010 年秋我们在杰斐逊纪念堂前的草地上看见有人在举行婚礼，可见人们对它的喜爱程度。

20世纪20年代，创造新建筑风格的呼声已在西欧兴起，而传统建筑风格仍保持着强劲的势头。1923年落成的斯德哥尔摩市政厅即是尊重和继承传统的一种表现。

斯德哥尔摩市政厅由著名浪漫派建筑师热纳·奥斯伯设计，他尊重古典建筑但又不受其限制，而将历史上的多种建筑风格与手法融合在一起，创作了这座体形高低错落、虚实相谐的水边建筑。这是一座庞大的褐红色建筑，市政厅内的几个大厅装饰华丽而不俗，具有北欧地区的诗情画意，被认为是民族浪漫主义建筑的一个精品。

市政厅的建造工期为12年，资金由群众募捐筹集而来，落成仪式于1923年6月瑞典第一个国王古斯塔夫·瓦萨就任400周年纪念时举行。

斯德哥尔摩市政厅

斯德哥尔摩市政厅

## 现代派建筑走进舞台中央

开始有点特殊味道的是芬兰赫尔辛基火车站。它建于1906—1916年，是北欧早期现代派的重要建筑实例，但它的风格基本上还是折中主义的，或者说它还是一个从古典到现代的过渡时期建筑。这座车站轮廓清晰，体形明快，细部简练，既表现了砖石建筑的特征，又反映了向现代派建筑发展的趋势。虽有古典之厚重格调，但又高低错落，方圆相映，因而生动活泼，有纪念性而不呆板，被视为20世纪建筑艺术精品之一。

赫尔辛基火车站的设计者是著名建筑师艾里尔·沙里宁（Eliel Saarinen，1873—1950）。该车站是他的浪漫古典主义建筑的代表作。

下面的一个例子就比较特殊了，那就是巴塞罗那米拉公寓。设计米拉公寓的建筑师高迪（Atonio Gaudi，1852—1926）是20世纪初西班牙最著名的建筑师之一，是在建筑艺术潮流中勇于开辟另一条道路的人。他的作品虽然还是带有世纪转折时期欧洲建筑潮流转变的烙印，但更突出的是他个人独有的风格。他

赫尔辛基火车站

以浪漫主义的幻想极力使雕塑艺术渗透到三维空间的建筑中去。实际上我看他是把建筑当泥巴在耍。米拉公寓那玩意儿，跟你想象中的建筑沾边吗?

米拉公寓是高迪的代表作之一，1912 年建成。高迪设计这座公寓时，重点放在形式的艺术表现方面，尽力发挥想象力，建筑造型奇特、诡异。

类似的仿古或半仿古建筑在世界各地并不少见，人们这样做的出发点不尽相同，但都属于传统势力占了上风，才使得老式的建筑风格在20世纪还在延伸。之所以出现这种状况，也不全怪保守派，为什么这样说呢?

人们在采用物质技术的新成就时，较少阻力和犹豫。一看钢比木头好使，立刻就有人用了。但是，建筑观念和建筑艺术方面的改变和创新却不那么简单。人们头脑中原有的建筑观念很不容易褪去。许多人看惯了老建筑，怎么看怎么觉得老建筑有文化、有看头（确实是，我就不爱看玻璃盒子的房子）。因此，建筑形式的改变，是一个曲折而缓慢的过程，但也是一个必然的过程。

19世纪后期，情况有所变化了，在欧洲意识形态领域里陆续出现了一些新的文化艺术思潮，它们虽然属于不同的派别，但有一个共同点，那就是纷纷向“素被尊崇的观念和见解”提出挑战。

例如，德国哲学家尼采（1844—1900）在19世纪末期提出“重新评价一切价值观”的主张。他把矛头指向西方传统文化的基石——基督教，宣称“上帝死了”，要人们从基督教文化的束缚下解脱出来。对于西方人来说，没有了上帝，那真是去了一大束缚，想干什么就干什么了。

当然，这位尼采先生的思想有点儿极端，大多数人并不跟从他。但尼采思想的出现可称是一个标志。此外，19世纪后期还

巴塞罗那米拉公寓

米拉公寓

高迪设计的另一个建筑

有一批离经叛道的哲学派别。这些情况表明，西方文化开始脱离传统的轨道。

就拿绘画来说吧。欧洲的绘画艺术有长久的写实传统。因为古时候没有照相机，可上至国王，下至有爵位的大人物，都想把自己的或丑或美的模样留下来，流芳百世。于是画家们有活儿干了，不是画国王王后，就是画达官贵人及夫人小姐，有时候也画画自己。

有个关于画像的故事挺有意思，说给你听听吧。说某一国王身有残疾，左腿比右腿短，外加左边的眼睛是瞎的。有一回，他让画家给他画像，第一位画了一张全胳膊全腿，两只眼睛都瞪得圆圆的，国王一看，说了声："拍马屁！"让人把画家拉出去给砍了。第二位画家一看，吓得够呛，于是老老实实画了张瘸腿独眼的。国王一看，更生气了，照样也给砍了。第三位是个聪明人，他让国王把左脚蹬在一块石头上，手里端着猎枪，枪托子顶在右肩膀窝里，闭起左眼做瞄准状。国王对这幅飒爽英姿的画像极其满意，于是，这位画家不但保住了脑袋，还得到了一大笔钱。这幅写实加浪漫的画，你见过吗？

19 世纪 60 年代末，法国出现印象派的绘画运动，对统治欧洲艺术数百年的清规戒律提出异议。1874 年，这个派别的画家举办独立画展，与占统治地位的法国艺术学院抗衡。这也是一个标志，表明艺术家开始脱离传统的束缚，另辟蹊径。

印象派之后，欧洲出现了更多的美术流派，人人各行其是，

油画《内战的预感》（达利，1936 年作）

大胆试验，在大大小小的画布上糊涂乱抹。其共同的特点是作品趋于抽象，反对写实。此处仅举几个有代表性的人物和他们的作品。

法国画家塞尚（1839—1906）被称为“现代绘画之父”，代表作有《苹果和橘子》等；另一个法国画家莫奈，比塞尚小一岁，被认为是印象派的主将，他的代表作是《印象·日出》；再一位是英国的雕塑家亨利·摩尔，他的还有点人模样的作品《王与后》至今矗立在苏格兰的旷野之中；最后是西班牙画家达利（1904—1989），他被称为“超现实主义”，其代表作为《内战的预感》。

如果我们把19世纪末期西欧新派美术家的绘画和雕塑作品同传统的欧洲绘画和雕塑作品对照比较，立即可以看出它们之间差别真是一个天上一个地下。从传统画家的眼中看来，新派美术作品简直算不得美术。我曾经去过一趟华盛顿美术馆，那里陈列的“美术作品”就更是跟我脑海里的“美”或“术”相距甚远了：不是一块白布正当中来一道子黑，就是一块黑布上来几道子白。令我百思不明其义，开始怀疑自己艺术觉悟是否太低。好在我主要目的是去看建筑，还不算太失望。

文学艺术的其他门类也发生了类似的改变。进入20世纪之后，文学艺术在离经叛道的路途上越走越远，而接受和欣赏它们的人却越来越多。

在19世纪中期，人们使用机器，却不承认机器本身和用机器生产出来的东西具有审美价值。大家认为只有手工制作的东西才能称为工艺品。无奈机器产品越来越多，人们终于改变了旧有观念，认识到采用机器也可能生产出有审美价值的产品，并且渐渐从审美的角度审视机器和技术本身。

19世纪末，当绘画和雕塑艺术的新风格已经出现时，建筑艺术新风格的出现就是顺理成章和不可避免的事情了。

柏林 AEG 透平机工厂

从 19 世纪末到 20 世纪初的二三十年间中，欧洲各地陆续出现了许多探寻新路、努力创新的建筑师，有的是一两个人，有的形成团体，其中有新艺术派、分离派、怪诞派、未来派以及稍后的青春风格派、表现派等。真个是八仙过海，各显其能。这其中比较突出的是美国芝加哥学派。芝加哥市在 19 世纪后期经历过一个快速发展的时期。为适应同样快速发展的高层建筑的要求，一批建筑师和工程师在建筑设计中有很多创新之举，被称为“芝加哥学派”，沙利文是这个学派的著名代表人物。

这些建筑师中的许多人同当时当地文艺界的各类新派人物有

法古斯工厂

着密切的联系。大家互相影响，互相促进。19 世纪末到 20 世纪初，这些主张创新的建筑师的活动，汇合成为所谓的“新建筑运动”。与此同时，一批新鲜的建筑物出炉了。

德国柏林 AEG 透平机工厂由德国著名建筑师贝伦斯（Peter Behrens，1868—1940）设计，1909 年建成。这座厂房采用三角拱。建筑师在处理厂房建筑时，让钢柱袒露在外墙表面，屋顶轮廓与折线形钢架配合，墙上开着大片玻璃窗。它的建筑造型贴近结构与功能的要求，具有敦实宏伟的气势。在 20 世纪初，贝伦斯以一个名建筑师的身份认真进行工业厂房的设计，是开风气之先的举动。

德国法古斯工厂是又一个新型建筑，它是 1911 年由格罗皮乌斯（Walter Gropius，1883—1969）及其助手设计的。其实法古斯只是一个制造鞋楦子的小工厂，却找了一位世界级的大师做设计，不能不说有点儿奇怪。它的办公楼部分采用平屋顶，墙面大部分为玻璃与铁板做的幕墙，转角处不设柱子，建筑形象比较轻巧。这在今天这已是非常普通的做法，但在 100 年前，则是一种突破，因而这个工厂在20 世纪建筑史上具有开创意义。只是不知鞋楦子是否因此卖得好些。

20 世纪前半叶，发生了两次世界大战。恰恰就在两次大战之间的二三十年代，西方建筑舞台上出现了具有历史意义的转变，其中最重要的是现代主义建筑思潮的形成和传播。

第一次世界大战后，西欧的社会经济状况对建筑改革产生了重要影响。一方面，动荡的社会使人们容易动摇旧的观念并接受新鲜事物和观点；另一方面，战后的经济困难和严重的房屋短缺促使社会需要便宜的住房。一部分头脑灵活的建筑师开始不再只是奢谈艺术，而是面对现实，注重经济，注重实惠。

这种情况在德国尤其突出。德国原来是工业强国，战后成了战败国，各方面都遇到极大的困难。然而，困难和机遇总是并存着。建筑师 W. 格罗皮乌斯抓住了这一时机，于 1919 年在德国创办了一所新型的设计学校——国立魏玛建筑学校（Das Staatlich Bauhaus Weimar），简称包豪斯。

包豪斯校舍

包豪斯的过街楼

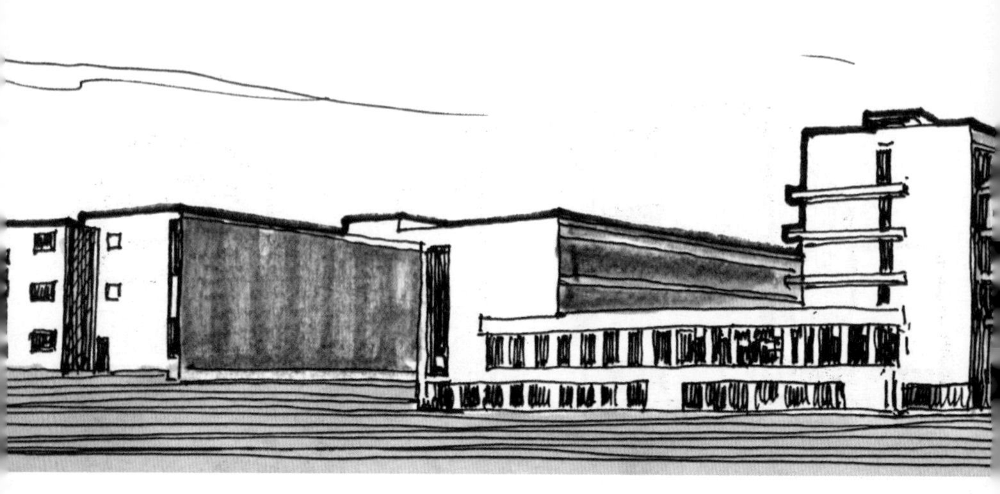

包豪斯校舍的另一个侧面

学校位于魏玛市，由格罗皮乌斯亲自设计。建筑占地面积为 2630 平方米，总建筑面积约 10000 平方米。共分三部分：教学楼；生活用房（包括学生宿舍、饭厅、礼堂、厨房、锅炉房等，宿舍为六层，其余为两层）；四层的附属职业学校（与教学楼由过街楼相连接）。它的空间布局的特点是根据使用功能组合为既分又合的群体，既有独立分区，又方便联系。教学楼与实习工厂均为四层。宿舍在另一端，高六层，连接二者的是两层的饭厅兼礼堂。居于群体中枢并连接各部的是行政人员、教师办公室和图书馆。这样不同高低的形体组合在一起，既创造了在行进中观赏建筑群给人带来的时空感受，又表达了建筑物相互之间的有机关系，更体现了“包豪斯”的设计特点：重视空间设计，强调功能与结构效能，把建筑美学同建筑的目的性、材料性能、经济性与建造的精美直接联系起来。

设计者充分利用现代建材、结构，表现简洁、通透。用不对称的造型来寻求整个构图的平衡与灵活性，用非常经济的手段表现出严肃的几何图形。格罗皮乌斯在他设计的包豪斯校园的实验工厂中更充分地运用玻璃幕墙。这座四层厂房，二、三、四层有三面是全玻璃幕墙，成为后来多层和高层建筑采用全玻璃幕墙的样板。

这座校园和包豪斯学校的教学方针与方法均对现代建筑的发展产生过极大的影响。顺便说一声，格罗皮乌斯也曾是这所学校的校长。

不过，至今仍有不少人对它有意见，认为它完全割断了历史，不尊重传统。林子大了，什么鸟都有。有这样那样的看法不足为奇。

在法国，勒·柯布西耶（Le corbusier，1887—1965）也扯起了现代主义的大旗。他激烈地批判因循守旧的复古主义建筑思想。他主张创造表现新时代、新精神的新建筑。他号召建筑师向工程师学习，从轮船、汽车乃至飞机等工业产品中汲取建筑创作的灵感。他甚至给住宅下了一个新定义：“住宅是居住的机器。”其实，勒·柯布西耶也非常重视建筑艺术，但当时他提倡的是一种机器美学。这当然是比较偏激的。可不如此偏激，怎么能引起人们的注意呢？

与新的建筑观念相应，新的建筑风格也逐渐成形。1927 年，在德国建筑大师密斯主持下，于德国斯图加特市郊区举办了一个新型住宅建筑展。参加者有勒·柯布西耶、格罗皮乌斯、沙隆（Hans Scharoun，1893—1972）、奥德（J. J. P. Oud，1890—1963）、陶特（Bruno Taut，1880—1938）等当时著名的现代主义派建筑师。展出的有独栋住宅、联排住宅及单元住宅等。它们一律为平屋顶，白色墙面，形象简洁，显示了 20 世纪 20 年代现代主义派建筑师为满足低收入者对经济实惠住宅的大量需求所做的努力。这次住宅展对现代主义建筑潮流的传播起了重要作用。在以后的半个多世纪，涌现了很多这种方块式住宅。

1928 年，来自 12 个国家的 42 名新派建筑师在瑞士集会，成立了一个名叫“国际现代建筑会议”（Congres Internationauxd Architecture Moderne，CIAM）的国际组织。在他们不懈的努力和当时西方社会文化界总的现代主义思潮的影响下，现代主义建筑思潮和流派在 20 世纪 20 年代末的西欧逐渐成熟起来，并向世界其他地区扩展。

这个“现代主义建筑”在理论上有以下五个主要观点：

1. 建筑随时代而发展变化。

2. 建筑师要重视建筑物的实用功能。

3. 在建筑创作中发挥建材、结构和新技术的特质。

4. 抛开历史的束缚，灵活地进行建筑创作。

5. 借鉴现代造型艺术和美学成就。

密斯设计的公寓

密斯设计的公寓

奥德设计的联排式住宅

在他们的影响和带动下，20 世纪 20 年代到 30 年代初，出现了一批现代主义建筑的代表作。除了德国的包豪斯校舍，还有巴黎的萨伏伊别墅（1928—1930）及法国马赛公寓（1946—1952）。这些都是其中的代表作。

萨伏伊别墅位于巴黎郊区，1928 年建成，是勒·柯布西耶早期的重要建筑作品之一。1914 年，勒氏用一个图解说明现代建筑的基本结构是用钢筋混凝土柱子和板片组成的框架。1926 年，他又提出“新建筑的五个特点”：即底层的独立支柱，屋顶

沙隆设计的小住宅

沙隆设计的小住宅

里特维德设计的独立式小住宅

勒氏设计的联排式住宅

萨伏伊别墅

花园，自由的平面，横向长窗，自由的立面。萨伏伊别墅的设计体现了他的这些建筑理念。这座建筑物处处呈现为简单的几何形体，但是内部空间却相当复杂。萨伏伊别墅同欧洲以往的传统大屋顶住宅大异其趣，表现出20世纪现代主义建筑运动反潮流的革新精神。

值得一提的还有1929年巴塞罗那博览会德国馆，于1929年建成，设计者是著名建筑师密斯。

这座展馆内部并不陈列很多展品，而是以一种建筑艺术的成就代表当时的德国。它是一座供人观赏的亭榭。实际上，它本身就是一个展品。

密斯在这个建筑物中完全体现了他在1928年所提出的“少就是多”的建筑处理原则。他认为，当代博览会不应再具有富丽堂皇和竞市角逐功能的设计思想，应该跨进文化领域的哲学

巴塞罗那博览会德国馆（重建）

园地。

整个建筑物立在一个基座之上，主厅有八根金属柱子，上面是一片薄薄的平屋顶。墙体分大理石和玻璃两种，也都是简单的薄片。墙板布置十分灵活，甚至似乎有些偶然，它们纵横交错，有的延伸出去作为院墙，由此形成一些既分割又连通的半封闭半敞开的室间，室内各部分之间、室内和室外之间相互穿插贯通，没有截然的分界。它塑造建筑空间，以水平和竖直的布局、透明和不透明材料的运用，以及结构造型等，使建筑进入诗意的境界。

巴塞罗那博览会德国馆立面

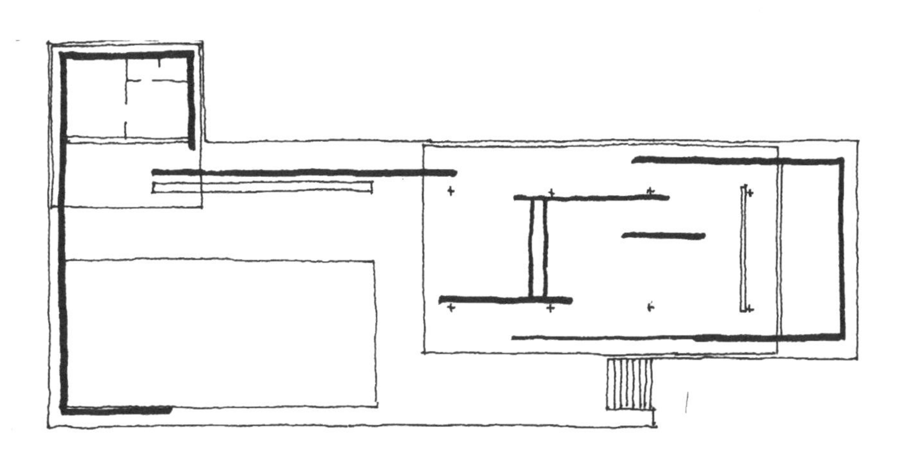
德国馆平面

德国馆的建筑处理极其简单，所有部件交接的地方不做过渡性处理，不加装饰，简单明确，干净利落。然而设计者对建筑材料的颜色、质地、纹理的选择十分精细，搭配非常考究，比例推敲严格，使展馆具有一种高贵、雅致、鲜亮、生动的品质，向人们展示了历史上前所未有的建筑艺术品质。

博览会结束，该馆也随之拆除了，存在时间不足半年，但其对 20 世纪建筑艺术风格所产生的重大影响一直持续着。

半个世纪以后，西班牙政府于 1983 年决定在它的原址——现西班牙巴塞罗那的蒙胡奇公园重建这个展览馆，由西班牙著名建筑师 C. 锡里西等主持。

记得在西方建筑史课上，我们的老师吴焕加先生对它也是很推崇的。

巴黎瑞士学生宿舍是勒·柯布西耶为瑞士留法学生设计的一座学生宿舍，位于巴黎大学城，于 1932 年建成。宿舍主体高 5 层，长方形平面，底层敞开，只有几对柱墩。每个宿舍房间都有很大的玻璃窗。主体后面连接单层的是形状不规则的附属建筑。两者之间形成高低、曲直的对比。这座简朴而新颖的建筑在当时曾受到守旧人士的抨击。

帕米欧疗养院是芬兰著名建筑师阿·奥尔托早期的作品，在 1929 年参加设计竞赛被选中，于 1933 年建成。

疗养院的设计细致地考虑了疗养人员的需要，每个病房都有良好的光线、通风、视野和安静的休养气氛。建筑造型与功能

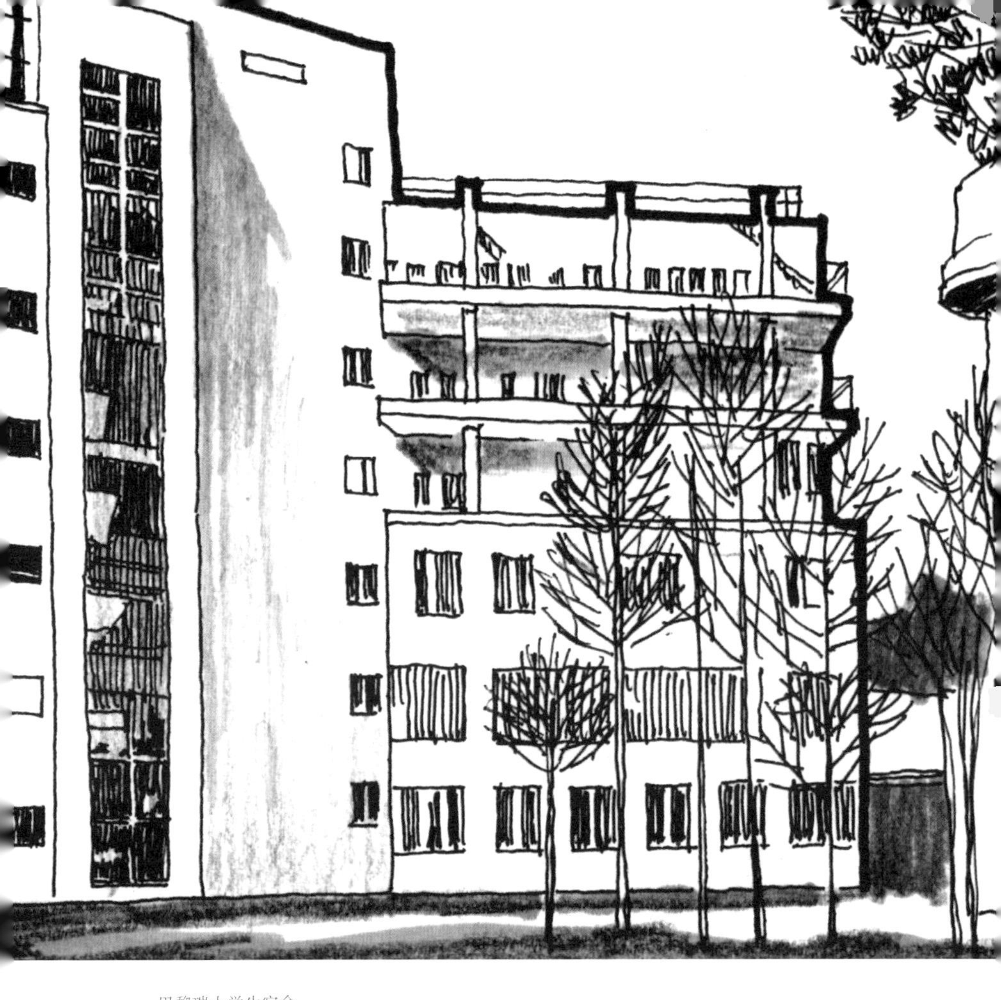

巴黎瑞士学生宿舍

和结构紧密结合，表现出理性的、逻辑的设计思想。其形象简洁、清新，给人以开朗、乐观、明快的启示。

荷兰鹿特丹万勒尔烟草工厂（1927—1930）的设计者为布林克曼与范·德·佛拉特，1929 年建成。它采用钢筋混凝土无梁楼盖，墙面开着大片玻璃窗，轻盈明亮，加之环境优美，使它

芬兰帕米欧疗养院

与旧日工厂沉重灰暗的面貌完全不同，因而获得声誉。这一方面是建筑师个人的努力，另一方面也与工厂的轻工业性质有关。要是一个炼钢厂，再怎么努力也弄不成这样。

法国马赛公寓（1946—1952）是第二次世界大战刚刚结束时，勒·柯布西耶为法国马赛郊区设计的。

这座大型公寓式住宅是他理想的现代化城市中“居住单位”设想的第一次尝试。勒·柯布西耶理想的现代城市就是中心区有巨大的摩天大楼，楼房之间有大片的绿地，现代化的整齐的道路网布置在不同标高的平面上，人们生活在“居住单位”中。一个“居住单位”几乎可以包含一个居住小区的内容，设有各种生活福利设施，一栋建筑就成为城市的一个基本单位。就跟如今咱们的小区差不多，不过居民都糗在一个 17 层的公寓大楼里。

这座楼可容纳 337 户、约 1600 人居住。大楼里有多家商店和多种公用设施，每户占两层，户内有单独楼梯，屋顶上还有

鹿特丹万勒尔烟草工厂

马赛公寓

幼儿园和游泳池等设施，用以满足居民的日常生活需要。底层用巨大的柱墩作支撑。

马赛公寓是第一个全部用预制混凝土外墙板覆面的大型建筑物，主体是现浇钢筋混凝土结构。由于现浇混凝土模板拆除后，表面不加任何处理，让粗糙地表现人工操作痕迹的混凝土暴露在外，表现出了一种粗犷、原始、朴实和敦厚的艺术效果，后来它被戴上了“粗野主义”始祖的“桂冠”。

比较特别的是德国建筑师门德尔松（Eric Mendelsohn，

马赛公寓外貌

底层

屋顶运动场

爱因斯坦纪念馆

1887—1953）的作品——爱因斯坦纪念馆。它位于德国波茨坦市，1924年建成。1917年爱因斯坦提出广义相对论。相对论很深奥，对普通人来说似乎还有几分“神秘”。门德尔松抓住这个印象作为建筑造型的主题，用砖和混凝土塑造了一个看来有些神秘混沌的体型。这是20世纪初表现主义思潮在建筑领域的反映。

勒·柯布西耶在这一时期接受了立体主义美学观点，在建筑艺术中宣扬基本几何形体的审美观点；密斯则更进一步提出“少就是多”的主张；更早些时候，奥地利人卢斯还提出过“装饰是罪恶”的极端看法。还有“形式跟随功能”“由内向外”等观念和主张，对这一时期的建筑创作都有很大的影响。上述的几座有代表性的现代主义建筑，它们的共同特点是以简单的几何形体（方块、圆柱）为基本元素，墙面平整光滑，非对称，布局灵活。建筑师注意发挥钢筋混凝土结构轻巧的特点、金属和玻璃的晶莹光亮，使建筑物看上去简洁明快、清新活泼。由于它们跟历史上那些大石头砌筑的臃肿的厚墙建筑反差极大，从而具有鲜明的时代感，令人耳目一新。

# 高楼大厦：
# 美国建筑实现现代化

1933 年，纳粹法西斯掌权，希特勒为表示他有文化，大力提倡采用古典建筑形象，反对现代主义新建筑。包豪斯学校被解散，格罗皮乌斯、密斯等人被迫移居美国。这倒使得美国不费吹灰之力就拥有了一批国际级的建筑大师，对日后美国的建筑迅速现代化起了不小的作用。

美国在人们心目中是个新兴的国家，但在建筑形式方面不知为什么却长期盛行着仿古或半仿古的风格。可能是怕欧洲人说他们没有文化，所以特地建一些古典式的房子吧。19 世纪末芝加哥的创新学派在美国吃不开，从它们诞生起势力就不大，在强大的守旧势力面前，不久就销声匿迹了。当西欧流行现代主义时，美国人却在以怀疑的眼光看着，不时地还嗤之以鼻。

但是 1929 年美国爆发经济大萧条后，一向奢侈的美国人无法继续大讲排场，追求堂皇了。于是他们开始以一种冷静务实的态度重新审视现代主义思潮。他们发现欧洲新兴起的这种简单朴实却又不失美观的建筑形式，很符合罗斯福总统实行新政时期的，由政府出资因而不主张铺张的建筑项目。而格罗皮乌斯、密斯等德国“包豪斯”派来到美国后，在建筑院校任教，正好为美国培养了新一代现代派的建筑师，为日后美国建筑的现代化打下人才基础。

“二战”结束后的 50、60 年代，美国摇身一变，由欧洲人不屑的“土包子”成了世界头号强国。美国财力雄厚、人才充沛、技术先进。慢慢地，越来越多的美国人觉得现代派的艺术风格更适合现代化的生活要求。

这就是说，20 世纪 30 年代“大萧条”再加上 50、60 年代的财力物力大膨胀，是现代主义建筑在美国大行其道的两大催化剂。美国迅速取代欧洲成了世界上现代主义建筑最繁荣昌盛的地方。正如美国建筑师菲利普·约翰逊在 1955 年所说：“现代建筑一年比一年更优美，建筑的黄金时代刚刚开始。”一副志得意满的样子。

克莱斯勒大厦位于纽约曼哈顿东部，楼高 318.9 米，共 77 层。它是全世界第一栋将钢材运用在建筑外观的摩天大楼。大楼顶端的酷似太阳光束的设计理念，来源于 1930 年一款克莱斯勒汽车的水箱盖子，以汽车轮胎为基本元素，五排不锈钢的拱往上排列着渐次缩小，每排拱里镶嵌三角形窗户，它们呈锯齿状排列。高耸的尖塔和充满魅力的顶部，成为这栋建筑的主要看点。在帝国大厦完工之前，它一直是纽约最高的建筑。

下一个早期的摩天大楼是纽约帝国大厦。这个尖楼耸立于

克莱斯勒大厦

曼哈顿（Manhattan）市区，高达 443 米，在上面可以日夜环视四周的地平线美景。帝国大厦于 1930 年 3 月 1 日开始动工，1931 年 5 月 1 日竣工，前后只花去 410 天时间。它是 1931—1972 年世界上最高的建筑。它的底层面积为 130 米 × 60 米，向上逐渐收缩，85 层以上缩小为一个直径 10 米、高 61 米的尖塔，塔本身相当于 17 层楼高，因此帝国大厦号称 102 层。楼顶距地 381 米。大厦总体积为 96.4 万立方米，有效使用面积为 16 万平方米。大厦的造型已基本摆脱了传统建筑的束缚。

帝国大厦从动工到交付使用只用了 410 天，平均每 4 天多建造一层，施工速度极快。大楼内主要是办公用房，共装有 73 部电梯。据观测，大厦在大风中最大摆幅仅为 7.6 厘米，对人的感觉和安全没有什么影响。1945 年 7 月，一架 B-25 轰炸机在大雾中撞上了大厦的第 79 层，飞机坠毁，而楼房只有局部破损，一架电梯震落下去，大厦总体未受影响。

帝国大厦在世界贸易中心竣工之前，一直是纽约市最高的建筑，并且在很长一段时间内也是全球最高的建筑。在它兴建之前，克莱斯勒大厦是全球最高的建筑。帝国大厦原本共 381 米，20 世纪 50 年代安装的天线使它的高度上升至 443 米。

近年来，世界各地超高层建筑不断涌现，最高高度不断被刷新，以至于曾经的最高建筑帝国大厦都成了小弟弟，目前只能排在 20 多名了。各国近年来的楼房拔高比赛，要我看都是它惹的祸。

曼哈顿的高层建筑群（图中最高者为帝国大厦）

高层商业建筑，特别是被称为摩天大楼的超高层建筑，是现代美国最发达和最有代表性的建筑类型。它们的重要性和地位可以跟欧洲古代的宫殿相媲美。这种 19 世纪晚期才出现的新的建筑类型，由于保守思想作怪，长期以来都披着古装，这是那时美国保守的社会文化心理的产物。20 世纪 30 年代初，在经济大萧条中兴建的克莱斯勒大厦、纽约帝国大厦和洛克菲勒中心等，开始转向，装饰减少，形象趋于简洁，但实际已经不担负承重任务的外墙仍保持砖石厚重的外貌。这让依然持保守态度的人心里好过一些，眼睛舒服一些。

但是到了 50 年代，美国的高层和超高层建筑形象骤然大

利华大厦（右前）

变。1948—1952 年兴建的联合国总部秘书处大楼是一座板片式楼房，从上到下全是玻璃，建筑形象与传统几乎判若两人。联合国总部建筑群是由美国建筑师 Wallace Harrison 工作小组设计（梁思成先生曾参与该项工作），那个直得像火柴盒的大楼就是秘书处大楼。

纽约的利华大厦（Lever House）是利华公司的办公大楼，1951—1952 年建，是世界上第一座玻璃幕墙的高层建筑。它的设计者是 SOM 建筑设计事务所。建筑高 24 层，上部的 22 层为板式，下部两层是正方形的基座。它的外墙全部采用浅蓝色玻璃幕墙。这开创了板式高层建筑采用全玻璃幕墙的新手法，

联合国总部秘书处大楼

成为当时风行一时的样板。密斯在 1919—1921 年曾经设想过的玻璃摩天大楼的方案由此得到了实现。

纽约西格拉姆大厦建于 1954—1958 年，大厦共 40 层，高 158 米，设计者为著名建筑师密斯和当时尚属青年建筑师的菲利普·约翰逊（Philip Johnson，1906—2005）。

20 世纪 50 年代，讲究技术精美的倾向在西方建筑界占有主导地位。而人们又把密斯追求纯净、透明和施工精确的钢铁玻璃盒子作为这种倾向的代表。西格拉姆大厦正是这种倾向的典范之作。

西格拉姆大厦

大厦主体为竖着的长方体，除底层及顶层外，大楼的幕墙墙面直上直下，整齐划一，没有丝毫变化。窗框用钢材制成，墙面上还凸出一条“工”字形断面的铜条，增加墙面的凹凸感和垂直向上的气势。整个建筑的细部处理都经过慎重的推敲，简洁细致，突出材质和工艺的审美品质。西格拉姆大厦实现了密斯本人在20年代初关于摩天大楼的构想，被认为是现代建筑的经典作品之一。

如果看看菲利普·约翰逊后来的作品，你准会惊讶同一个人手底下竟能做出如此不同风格的建筑来。此是后话。

联合国总部建筑群

纽约利华大厦

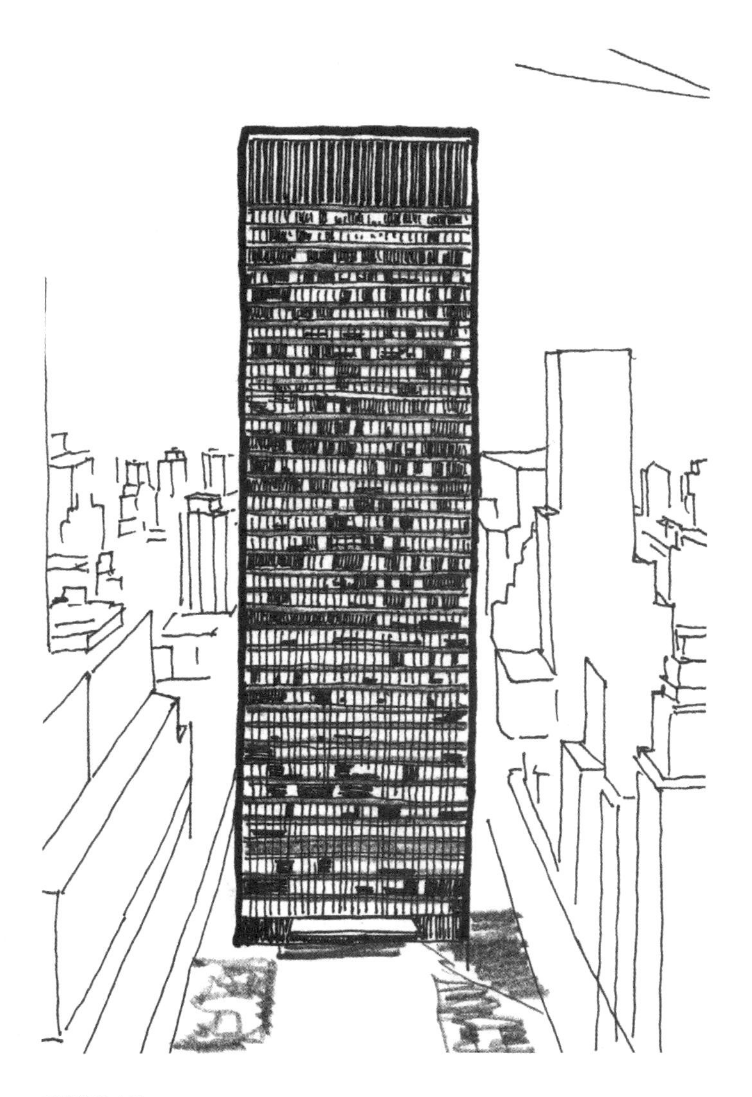

西格拉姆大厦

在纽约曼哈顿地区，比较著名的高层建筑还有曼哈顿大通银行大楼（1955—1964年建）、联合碳化物公司大楼（1957年建）、汉诺威制造商信托公司大楼、飞马石油公司大楼、百事可乐公司大楼、西格拉姆酿酒公司大楼等。在50年代后一个不长的时期，纽约繁华大街重要地段的大楼几乎都换了一副面孔，街道景观大变。行走其间，跟身在玻璃的树林里差不多。美国其他城市以及世界许多大城市也出现类似的变化。

这样的造型令人联想起机械化大生产，联想起人对自然的进一步驾驭，进而联想到工业化社会的威力。它们的开端是20、30年代的芝加哥学派，再经过美国建筑师们多年的探讨和实践而形成。建筑师密斯长期的探索对于这类建筑的普及起了巨大的作用，因此这种高层和超高层建筑又被称为“密斯风格”建筑。

“密斯风格”的高层商用建筑形象，同以前在手工业基础上产生的传统建筑艺术形式形成鲜明的对比。它们是工业文明的产物，是现代工业社会达到鼎盛时期的建筑艺术的符号。

当然，密斯也不是只做高层建筑，他在1955年为他所执教的伊利诺伊理工学院设计的克朗楼，就是低矮建筑的一个很好的例子。

克朗楼是建筑系馆。建筑物为简单的矩形体量，长67米，宽36.6米，中间没有柱子和墙，是一个大的通用空间。屋顶由四榀大型钢梁支托，四周大部分是玻璃窗，是一个名副其实的玻

伊利诺伊理工学院克朗楼

克朗楼入口

璃与钢的盒子，体现了密斯独特的建筑理论与手法。克朗楼可以视为密斯建筑创作的一种基本单元，将许多这样的钢和玻璃的盒子垂直地堆积上去，即成了他的高层建筑。

相比于高大的现代风格建筑，赖特设计的“流水别墅”可算

流水别墅

是个例外。

在美国东部宾夕法尼亚州一个僻静的山谷里，有个叫“熊跑”的村子，想来过去这里曾是狗熊的乐园。这里有一块地是匹茨堡市一位阔佬考夫曼（J.Edgar Kaufman）的产业。他一家子常常到这个怪石嶙峋、秀木茂密的地方来玩。某日，考夫曼突发奇想，要在这里盖一栋房子，作为周末休闲和度假之用。老考夫曼的儿子小考夫曼曾看过介绍建筑师弗兰克·赖特的书，因而十分钦佩他。1934 年，小考夫曼登门拜访，并将赖特介绍给父亲认识。两人志趣相投，遂成挚友。

1935 年 9 月的一天，赖特把草图拿给老考夫曼看。老考夫曼等人一看，好家伙，赖特竟然把房子架到了瀑布的上头。令水流好像是从建筑下面跑出来，又在下面叠了两叠，形成了新的瀑布。大家惊得张口结舌，但最终还是认可了这个大胆的方案。

赖特所设计的别墅北面是悬崖，南面是溪水和瀑布。南北宽不过 12 米，还要留出 5 米的通道。可用之地非常之窄。幸亏那时已经有了钢筋混凝土结构，赖特在别墅的北部筑了几道矮墙，上部三层楼的楼板北面架在墙上，南面靠钢筋混凝土的悬挑能力凌空挑出。这样，整个房子就悬在了半空，溪水在建筑下潺潺流过，并继续形成瀑布。

别墅的第一层面积最大，这里是起居室、餐厅和厨房等。它的左右都有平台，起居室三面是大玻璃窗。室内有小楼梯通向小溪边。人在起居室，山林秀色尽收眼底。

夏季的流水别墅

冬季的流水别墅

通向溪水的小楼梯

第二层向北收进，面积减少。这里是卧室，起居室的屋顶成了它的平台。第三层面积更小，愈向后收，平台也愈小。

流水别墅的建筑面积约 400 平方米，平台倒有 300 平方米。这些平台除了在外观上十分醒目外，人在平台上，感觉像是升在半空，山林树木不是环绕着你，就是在你脚下，令人飘飘欲仙。

不过这流水别墅造价可真不菲。老考夫曼当初预算为 3.5 万美元，最终花了 7.5 万美元。室内装修又花去 5 万美元。以黄金价格计算，这笔钱大约相当于如今的 900 万美元。赖特是这样"忽悠"老考夫曼的："金钱就是力量，一个大富之人就应该有如此气派的住宅，这是他向世人展现身份的最好方式。"

流水别墅的平台

1937年，别墅完工。自打考夫曼一家住进这里，就不断有人专为看房子来访的。有一位纽约现代美术馆建筑部的负责人提议在流水别墅里举办一次展览。1938年在这里举办了“赖特在熊跑泉的新住宅”的图片展。美国《生活》《时代》等杂志都大加介绍。

流水别墅建好不久，就不时地有“轧轧”的响声，那是构件在磨合。下大雨时，房屋多处漏水，主人要用盆盆罐罐来接水。最要命的是挑得很远的平台令老考夫曼心神不安，晚上经常睡不好觉。幸亏当时在施工时他曾嘱咐工程师多加钢筋，垮塌事件未曾发生。但1956年山里发大水，水曾一度没过平台进了屋里，房子进一步受损。1863年，小考夫曼将其捐赠给西宾州保护委员会。后来房主募集了充裕的资金进行了几次大修。维修工程于2002年告一段落，所花费用高达1150万美元。

2000年底，美国建筑师学会挑选20世纪美国建筑代表作，流水别墅排名第一。

2014年，我和丈夫去流水别墅，正赶上下雨。我们和管理人员还开玩笑说，这个所谓的“流水”是从天上来的吧。看见管理人员为游客准备了大量的雨伞，我们意识到这里应该是多雨地区。看来制造些流水并不是难事，主要是地形要选得好，有小溪能在房子周围流动。80多年的建筑看上去依然精彩，可见维修工作做得很到位。

芝加哥湖滨大道公寓大楼由密斯设计。这两座哥儿俩似的高层公寓大楼建于1948—1951年。钢结构的梁柱直接表露在外墙上，除此之外的地方几乎全是大玻璃窗。这是密斯第一次建造的真正高层建筑，尽管现在看起来生冷单调，但却对20世

芝加哥湖滨大道公寓大楼

纪 50—60 年代美国和世界的高层建筑产生了广泛的影响。这座公寓建筑与勒·柯布西耶的马赛公寓大楼成为鲜明对照。一个玻璃楼，一个水泥楼。

有人说现代主义就是玻璃盒子，其实这一时期的建筑也有钢筋水泥盒子，如：波士顿市政厅由美国建筑师卡尔曼的建筑设计事务所（Kallmann and Knowles）设计，是 1963 年某次设计竞赛的获奖作品。设计者利用建筑构件组成有韵律、有变化的立面，并且使建筑具有檐部和柱廊。建筑体型有沉重的雕塑感，这是 20 世纪 50—60 年代一些建筑师为使现代建筑具有纪念性的一种尝试。

没有一种建筑理论是放之四海而皆准的，正是“公说公有理，婆说婆有理”。也没有一种设计方法能够包打天下，如同“八仙过海，各显其能”。更没有一种建筑风格能魅力永存并获得所有人的好评，好比“萝卜青菜，各有所爱”。所谓流派，只不过是在一定的时期、一定的地区里，某些建筑类型比较流行而已。过去是这样，现在由于交通和信息的发达，多种风格并存的现象更显著，更迭变化的速度也更快了。

澳大利亚的悉尼歌剧院是 20 世纪中期建成的一座著名建筑。它虽然是演出类建筑，然而跟人们概念里的“剧院”完全不同。悉尼歌剧院坐落在悉尼市海边三面环水的奔尼浪岛地块上，占地 1.8 公顷。它包括一个 2700 个座位的音乐厅，一个 1550 个座位的歌剧院，一个 540 个座位的话剧厅，一个 420 个座位的排

波士顿市政厅

演厅，还有众多的展览场地、图书馆和其他文化服务设施，总建筑面积达 88000 平方米。连观众和工作人员在内，同时可容纳 7000 人，实际是一座大型综合性文化演出中心。它最吸引人目光的是那几片伸向天空的白色的壳片。八个薄壳分成两组，每组四个，分别覆盖着两个大厅。另外有两个小壳置于小餐厅上。壳下吊挂钢桁架，桁架下是天花板。两组薄壳彼此对称互靠，外面贴乳白色的贴面砖，闪烁夺目。

丹麦建筑师乌松的意思是造型要具有雕塑感和象征性。远远看去，那白色的东西好像远航归来的风帆。悉尼正是历史上白人首次登上这块大陆的地方，这就使建筑带有强烈的隐喻性。那洁白的壳片还能让人联想到盛开的莲花、海滩的贝壳等等。这许许多多蓝天下的遐想，令建筑获得了广泛的喜爱和盛赞。这是较早地突破现代建筑的所谓“形式服从功能”框框的建筑物。只是可怜那些结构师了：建筑大师勾出一条条他认为最美的曲线，可结构计算达不到，于是建筑、结构两家便逐渐地往一块儿边磋商边靠拢，光是方案的改变就用了 6 年，从下面的附图可见一斑。

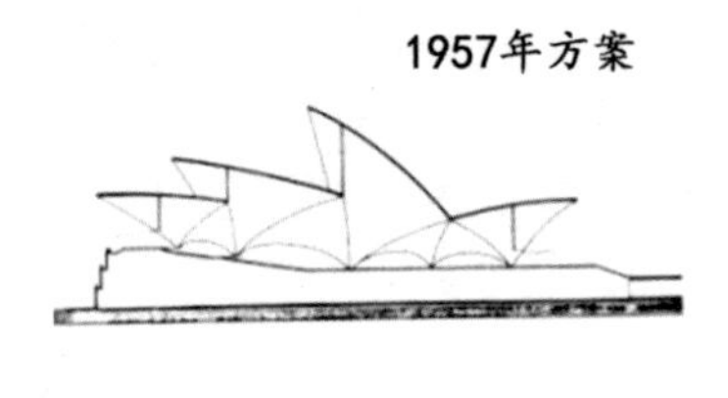


1957 年方案

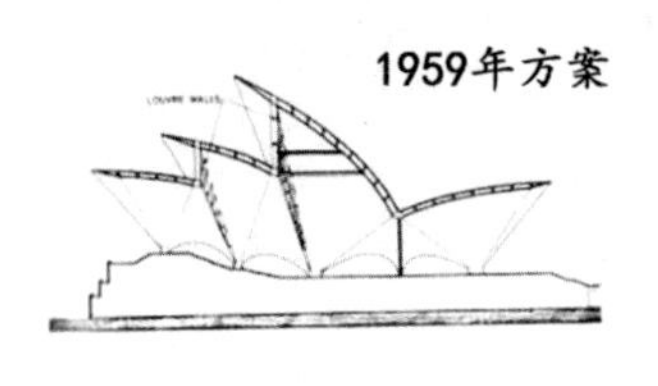


1959 年方案

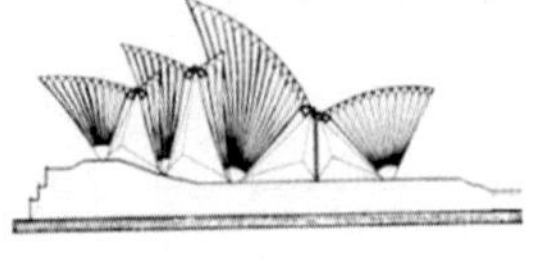

1962 年方案

**1963年方案**

1963 年方案

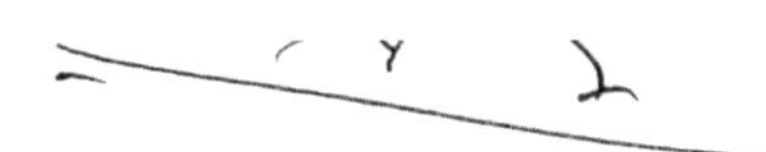

悉尼歌剧院远眺

悉尼歌剧院建筑主体

悉尼歌剧院

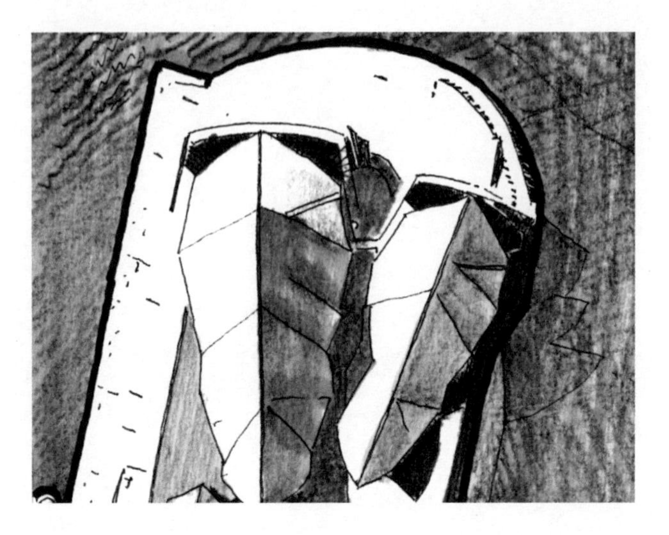

从空中俯瞰悉尼歌剧院

歌剧院从设计到完工达 14 年之久，耗资 1.02 亿美元，建成后受到人们的广泛喜爱。

1959 年落成的纽约古根海姆美术馆又是一个打破常规的奇特建筑。它的主体是一个上大下小的螺旋形建筑，展品就陈列在盘旋而上的平缓坡道上。整个展厅里没一个墙面是垂直的，也没一块地面是水平的。我要是到里面，准得晕菜。

建筑落成后，一直被认为是现代建筑艺术的精品。大多数评价表明，近 40 年来博物馆建筑中无一可与之媲美。它的外观很简洁，像一个白色的螺蛳壳，与传统中任何博物馆建筑均不同。这栋建筑为赖特晚年的一大杰作。

纽约古根海姆美术馆

到了20世纪50—60年代，一些建筑师提出“现代风格与古典风格结合”的观点。这一趋势被称为20世纪的“新古典主义”。代表人物是美国建筑师斯通（Esward D. Stone，1902—1978）和雅马萨奇（Minoru Yamasaki，1912—1986）。斯通设计的华盛顿肯尼迪艺术中心，将古希腊古罗马的古典建筑形式和现代建筑艺术结合起来。整个建筑的高度才30米，长190米，宽91米。中心内有一条贯通的190米长、19米宽的长廊，长廊上悬挂着瑞典欧世瑞水晶吊灯，颇为辉煌。州大厅和国家大厅里也设了很长的走廊（76米长，19米宽）。

该建筑的主要着力点，也算是优点吧，就是它的隔音效果很

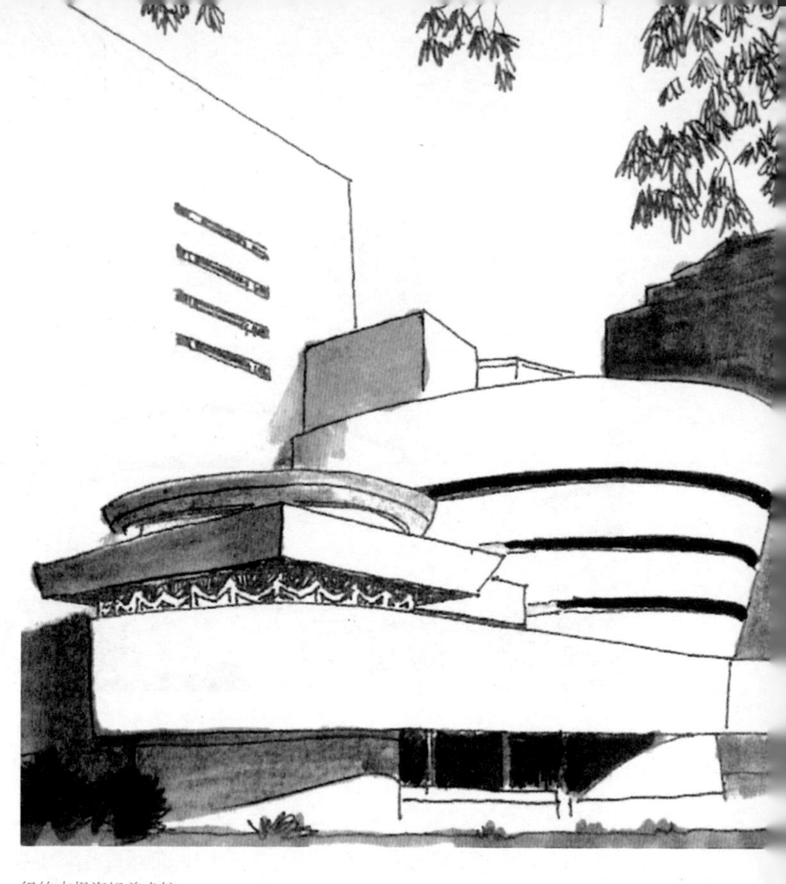

纽约古根海姆美术馆

好。因为地处罗纳德·里根国家机场，大量的飞机、直升机没日没夜飞过上空。为排除这些噪音对使用的影响，该建筑物做了两层盒子。人们都在里层盒子里活动。

可惜的是它的选址离所有的交通线路（如地铁什么的）都太远，很不方便。

雅马萨奇又称山崎实，是日裔美国建筑师。由于日裔的背景，他很注意吸收东方传统建筑里的某些特征，并运用到设计中

肯尼迪艺术中心

沙特阿拉伯达兰机场候机厅

去。在他设计的沙特阿拉伯达兰机场候机厅里，结构用的是钢筋混凝土板壳，但外部拱券的线条和墙面上纹路的巧妙处理，使得这个现代化的建筑具有浓厚的阿拉伯色彩。

雅马萨奇设计的另一座著名建筑是纽约曼哈顿的世贸中心双塔。“9·11”之后，人们已经看不见它了，但是从留下的照片里，还是可以回忆起它的雄姿。

世贸中心双塔位于曼哈顿市区南端，是两座外观相同，110层的塔楼，高度同为412米。同时，整个世贸中心也是世界上最大的商业建筑群，是美国金融、贸易中心之一，也是整个曼哈顿岛最突出的建筑。有趣的是，设计这对高楼的建筑师雅马萨奇本人却是一位恐高症患者。大概他从不去工地监工吧。不过世贸中心双塔已然灰飞烟灭了，只剩下照片和建筑史的书中还有记载。

在五花八门、千姿百态的建筑流派里，还有一种被称为“高技派”的。其中，巴黎蓬皮杜文化与艺术中心（设计者R. 皮亚诺和R. 罗杰斯）、香港汇丰银行（设计者N. 福斯特）以及伦敦劳埃德大厦（设计者R. 罗杰斯）是这一派的代表作。它们的共同特点是不但结构外露，甚至电机设备、通风管道都露在外面。在大街上，你会看到钢筋混凝土的梁、柱、桁架；电梯的机器、各色的管道和电缆。这种做法当然方便了检查和维修。但设计者的初衷大概不是为维修工考虑，倒是出自他们的“机器美学”或称“技术美学”吧。

巴黎蓬皮杜艺术与文化中心是以法国前总统的名字命名的一座艺术文化中心，其中包括图书馆、现代艺术博物馆、工业美术中心等。它位于巴黎市中心，1977年建成。主体为6层的

纽约世贸中心双塔（1973—2001）

曼哈顿世贸中心双塔（1973—2001）

钢结构建筑，长 166 米，宽 60 米。与一般建筑不同的是，它的钢柱、钢梁等结构构件都裸露在建筑物的表面。甚至运货电梯、电缆、上下水管道等也置于临街立面上，并漆成大红大绿的颜色。因此，临街的一面外观很像一座化工厂。

罗杰斯和皮亚诺之所以突破常规，把这座艺术与文化中心设计成工厂模样，是出自他们的一种观念：现代建筑应该是利用现

蓬皮杜中心

代技术手段造成的一种框架、一种装置或一个容器，让人们在其中灵活方便地进行各种活动。

奇怪的是，这样一个大机器似的玩意儿，倒没听见多少激烈的反对意见，不同于当初对待埃菲尔铁塔。看来人们都已见怪不怪，越来越皮实了，或者审美观点都以“怪”为好了。

变化最大、最令人惊诧的是 20 世纪 20 年代现代主义建筑的旗手勒·柯布西耶的变化。30 年后的 1950 年，他一反自己在《走向新建筑》中提出的诸如“少就是多”等理性主义观点，创造出一批野性十足的建筑。其中最著名的是在法国一个叫乎日山区的地方建的一座小教堂——朗香教堂。

蓬皮杜艺术与文化中心局部

垂直交通

蓬皮杜艺术与文化中心街景

伦敦劳埃德大厦

这个小山上原来有一个小教堂，不知何年被毁了。勒·柯布西耶完全没有考虑传统的天主教堂的形式，也没有做一个现代化的教堂，而是做了一个奇形怪状的东西。

平日我们走在大街上，满眼都是建筑物，大部分的就是一扫而过，没留下什么印象。个别的多看两眼，事后也未必能回忆

香港汇丰银行

起来。人们称那些让人多看几眼的东西为“抓人眼球”，正像衡量女孩的漂亮程度用“回头率”这个词一样。

朗香教堂就属于特别特别能抓人眼球的建筑物。其原因首先是它让人们有陌生感。我们在日常生活中都形成了一定的概念，即什么性质的建筑是个什么样子。比如教堂吧，总得是高耸一些，有个尖塔、钟楼什么的，门比较大些，窗户上有彩色玻璃。如果你看见类似的东西，估计眼皮都不会抬第二次，“这是个教堂”的模糊概念仅存一瞬。如果发现差异，反倒会驻足观看，在心里问道：这是个什么东西？

勒氏在他设计的朗香

朗香教堂的一个面

教堂里却放弃了自己的主张，走向了简单的反面——复杂。请看朗香教堂的立面处理，四个立面四个模样，你看了南面，绝对想象不出西面或东面长什么样，更不用说北面了。再看看那些窗户，大小形状皆不同，唯恐有重复的样子。再看它的墙壁，曲里拐弯地把小小的内部空间分割得很是复杂。平面构图找不出规律，有人说像个耳朵，用来倾听上帝的声音。它的墙体全部是弯曲的，有一堵墙还是倾斜的，上面开着大小不一的深陷的窗洞。

它的大屋顶如同蘑菇的大檐，又像翻起的船帮子。

教堂内部空间不大，墙体和屋顶之间留有缝隙，透进来一点光，给幽暗的教堂多少增加了一点点光亮。

朗香教堂的另一个面

你说它复杂吧，它的复杂与一些历史悠久的教堂，如哥特式教堂的复杂完全相反。哥特式教堂复杂在细部，岂止是复杂，简直就是烦琐。而朗香教堂的复杂性却恰恰相反。你说它简单吧，可它的结构很复杂，而细部，无论是墙面还是屋檐，外观还是内部，却相当简洁。它既有法国南部乡土建筑的某些特点，又有原始人住所的粗犷性格，还融入了现代神秘主义的情调。

在这里还要特别值得一书的是华盛顿国立美术馆的新馆——东馆。1940 年代建成的老馆——西馆因种种原因，已不够用了。在决定建一座新馆时，华裔建筑师贝聿铭先生被认为是最好的设计者。

东馆的周围尽是些主要的纪念性建筑，业主又对美术馆本身

朗香教堂

提出了许多特殊要求，且地块又是个不太好利用的梯形。贝聿铭综合考虑了这些因素，把这个梯形地块用一条对角线分成了两个三角形。西北部面积较大，是等腰三角形，做主要展馆用，东南部的直角三角形面积小一些，用作研究和行政部分。两部分在第四层相通，这使整个美术馆既不失统一，又稍有区别。

东馆和西馆建造年代差了三四十年，但东馆的中轴线在西馆东西轴线的延长线上，且外墙的石材用的是同一矿坑里产的略带粉色的浅黄石头，用此办法取得新老馆风格的统一。

美术馆的展览馆和研究中心入口都安排在西面一个长方形凹框中。展览馆入口宽阔醒目。研究中心的入口偏处一隅，不引

华盛顿国立美术馆

华盛顿国立美术馆东馆鸟瞰

美术馆正立面

美术馆侧面

人注目。划分这两个入口的是一个棱边朝外的三棱柱体，浅浅的棱线，清晰的阴影，使两个入口既分又合，整个立面既对称又不完全对称。

东西两馆之间的小广场铺花岗石地面，与南北两边的交通干道区分开来。广场中央布置喷泉、水幕，还有五个大小不一的三棱锥体，是建筑小品，也是广场地下餐厅借以采光的天窗。广场上的水幕、喷泉跌落而下，形成瀑布景色，日光倾泻，水声汩汩。观众沿地下通道自西馆来，可在此小憩，看着外面与视线同一高度的瀑布，仿佛身在水帘洞。再往前走，可乘自动步道到东馆大厅的底层。

路易·康是著名的美国现代派建筑师，他提倡建筑不要千篇一律，每个作品都要有自己的特点。他的作品坚实厚重，不爱表露结构。他所设计的孟加拉国议会大厦正是体现了这种理念。

孟加拉国议会大厦于1962年开始设计，1965年动工，1982年投入使用。议会大厦的中心为圆形会场，门厅、祈祷厅、休息厅、办公楼等附属建筑整齐均衡地向四面八方突出。部分墙面为带有大理石条的水泥墙，部分为红砖墙，墙体上开着方形、圆形或三角形的大孔洞。其形象厚实、粗犷，显得原始而神秘，看上去巨人们在这里藏猫猫倒挺合适的。

康氏被视为横跨现代主义与后现代主义两个阶段的建筑家。

孟加拉国议会大厦

孟加拉国议会大厦

# 后现代主义风格建筑不断涌现

现代主义建筑盛行之时，对它的批评和指责也开始增多了。从 20 世纪 60 年代起，世界各地陆续出现跟这种“方盒子”完全不同的建筑物。在理论上，人们指责“现代主义”忽视新建筑与老建筑的配合，指责它割断历史、不顾人们的感情需要、冷酷无情等等。进入 70 年代，世界建筑舞台上呈现出五彩缤纷的局面。到了 80 年代，开始有人称这种五花八门的建筑形式为“后现代主义”。

实际上，大部分建筑师在做设计时，并没有事先把自己的作品归在某类里，更不要说归在什么“主义”里了。所谓这主义那主义的，多半是一些建筑评论家，或者大有名气的建筑师写了一些文章，在文章里表述的一些观点。当然，一段时期内某种建筑物的形式比较流行，也是事实。

20 世纪 80 年代，美国经济渐渐衰退，建设任务不多，建筑师们闲来无事，有大把的时间来耍嘴皮子，使得本来就不系统的建筑理论变得更加扑朔迷离。1955 年，菲利普·约翰逊兴高采烈地写道："我们建筑的黄金时代刚刚开始。它的缔造者们都还健在，这种风格（指现代主义）也还只经历了三十年。"但仅仅三年过后的1958年，约翰逊就突然改变腔调，宣布要跟他素来崇拜的现代派大师们分道扬镳了。他说："我们同那些现在已经70岁出头的老家伙的关系该结束了。"1959年，他更进一步宣称："国际式（对现代派的又一称呼）溃败了，在我们周围垮掉了。"

更可笑的是建筑评论家詹克斯（Charles Jencks）在他的《后现代建筑的语言》的第一部分"现代建筑之死亡"里煞有介事地说，1972年某月某日下午，美国圣路易城几座公寓被政府炸毁，就是现代主义死亡的时刻。

尽管许多人都在用所谓"后现代主义"这个词，但是，到底什么是"后"现代主义呢？从字面上，我们得不到结论。其他的"主义"，诸如"浪漫主义""复古主义"，从字面上还能看出点内容来，而"后现代"这个词，除了说明它出现在现代主义之后外，就再没有什么其他暗示了。

一种普遍的看法是：后现代主义是对现代主义的一种反叛。美国建筑师文丘里（R.Venturi，1925—2018）于1966年出版的《建筑的复杂性与矛盾性》就是后现代主义的宣言书。

针对勒氏的"少就是多"之说，文丘里提出"少即是枯燥"。他主张在同一座建筑上采用不同的比例、不同的尺度、不同的方向感及不协调的韵律。他甚至认为最好是不分主次地将矛盾的东西放在一起。这话听起来有点儿“丈二和尚——摸不着头脑”。其实就是一句话：爱怎么来就怎么来。让我们看看文丘里自己和其他建筑师所做的几个典型的后现代主义建筑都是什么样子吧。

美国建筑师菲利普·约翰逊设计的纽约电报电话公司大楼开启了后现代主义建筑的先河。这栋建于 50 年代的建筑，其主体共 37 层，高 183 米，立面为三段式，基座部分高 37 米，入口前一道柱廊，正中为一大拱门。立面中段部分开了一些宽窄不同的小窗，顶部是三角形山花，上面有一个圆凹口，墙面用的是磨光花岗石面。这有别于当时纽约其他玻璃幕墙建筑，倒是带有欧洲文艺复兴建筑的特点。约翰逊描述自己的设计时说：“在纽约所有 20 年代的和更早的 20 世纪转折时期的建筑，都有可爱的小尖顶：我想再次追随那些建筑，所以，将电报电话公司大楼底部模仿巴奇礼拜堂（Pazzi chapel），中间部分模仿芝加哥论坛报大楼的中段，顶部……我说不准确，反正不是从老式木座钟上学来的。”

此大楼的出现，引起建筑行业内外的各种评论，有人称之为“祖父的座钟”“老式烟斗柜”，也有人大加赞赏，认为它有生气。总之，它是继朗香教堂之后，再次轰动一时的建筑，是后现代的代表作。

普林斯顿大学巴特勒学院胡堂是以毕业的校友胡应湘命名的建筑物。设计人是文丘里，于 1988 年建成。一层和地下是食

纽约电报电话公司大楼

普林斯顿大学巴特勒学院胡堂

胡堂入口

堂、娱乐室等，二层为学院办公室。文丘里反对简洁纯净，主张复杂和矛盾。在这座建筑中有大学传统建筑的形式，有英国贵族府邸的形象，又有老式乡村房屋的细部，在入口处的墙面上，还有用灰色和白色石料拼成的抽象化的中国京剧脸谱。建筑物的南端小广场上还有一个变形的中国石牌坊。建筑的比例和细部处理既传统又超乎传统，充分体现了文丘里的建筑创作主张。

美国建筑师格雷夫斯设计的俄勒冈州波特兰市政大楼又是一例。

该建筑于 1982 年落成于俄勒冈州波特兰市，高 15 层，外观方墩形，下部明显地表现为基座形式，基座外表以灰绿色的陶瓷面砖和粗壮的柱列构成，上部主体为奶黄色，立面中隐喻的壁柱、拱心石等反映了美国后现代主义的精神和旨趣。这座市政大楼改变了公共建筑领域近半个世纪流行的玻璃盒子式的现代主义建筑风貌，成为后现代主义建筑的第一批里程碑中的一个，是美国后现代主义建筑最具有代表性的作品之一。

再一个例子是德国的斯图加特州立美术馆（新馆）。

英国建筑师斯特林设计的斯图加特州立美术馆（新馆）也是一个极有特点的后现代主义建筑。

斯图加特州立美术馆（新馆）于 1983 年建于老馆（1838 年建）旁边，轰动一时。新馆包括美术陈列室、图书馆、音乐楼、剧院等文化艺术用房及服务设施，平面布局及建筑形体复杂

多样。

一般来说，博物馆类建筑或多或少都会带有一些较为严肃的纪念意义。为了使这类建筑带有纪念性，习惯上建筑师都会使用大尺度、轴线、中心对称这类常见的手法，但斯特林并不想把这个美术馆做得太具纪念性，反而运用了一种更为大众化和诙谐的方式去表达自己对美术馆建筑的理解。虽然他在整体上仍然大面积地使用了和相邻传统建筑相同的外墙，以谋求和周边环境的协调。但涂上鲜艳颜色的换气管，带有构成主义痕迹和高技派的味道的入口雨篷，素混凝土排水口，粗大的管状扶手等细

斯图加特州立美术馆（新馆）

斯图加特州立美术馆（新馆）

美术馆（新馆）入口及雕塑

筑波中心主楼正面

侧面

主入口

部，以及门厅轻巧明快的曲面玻璃幕墙，使得它具有了与众不同的特别之处。

当日本建筑师围绕着新出现的后现代烦恼、徘徊的时候，矶崎新（1931—）便以筑波中心大厦这一作品宣告了日本后现代主义时代的到来。该建筑位于筑波研究学院都市中心，占地面积 10642 平方米，总建筑面积 32902 平方米，是由宾馆、商业设施、音乐厅、办公设施等组成的复合设施，用地中心为椭圆形平面的下沉式广场，长轴与城市南北轴线重合，西北角有瀑布跌水，一直引入中心，两幢主体建筑成 L 形围合在广场东南侧。该建筑设计“引用”了西方文化中过去和现在的多种样式加以

筑波中心前下沉式广场

变形或反转，和谐统一，并以隐喻、象征等手法赋予多重意义。其作为后现代的代表建筑，在世界范围引起广泛瞩目，同时引起各种各样的争论。

下面的一个建筑也有点意思。我光是带朋友就去了4次，还参加了一次弥撒，虽然我不信教，而且分不清这是天主教堂还是基督教堂。这就是位于洛杉矶南面橙县的水晶教堂。

水晶教堂（Crystal Cathedral）于1968年开始兴建，1980年竣工，历时12年，耗资2000多万美元，是最现代化的教堂之一，大堂由10000多块玻璃建成，玻璃都是由教徒捐赠的，是由美国设计师学会金奖获得者菲利普·约翰逊和他的助手约翰共同设计的。教堂长122米，宽61米，高36米，体量超过著名的巴黎圣母院。教堂外观是由玻璃方格镶成，阳光照射下像水晶一样闪闪发光。巨大和明亮的空间使其他教堂望尘莫及。教堂有10000多个柔和的银色玻璃窗，使室内更显明亮宽敞。教堂可容纳2890人就座，并可满足1000多名歌手和乐器演奏家在56米长的高坛上进行表演。礼拜活动可通过超大屏幕的室内索尼电视屏幕，以及在教堂室外的设备直接转播给开车来的礼拜者。

在教堂旁边有一座由不锈钢组成的尖塔，塔内有一块巨大的天然水晶。不知教堂是否因此得名。

1994年，法国建筑师克里斯蒂安·波扎姆帕克（Christian Portzamparc）被评为当年普利兹克建筑奖得主。1990年代建

水晶教堂

水晶教堂和塔

巴黎音乐城

成的巴黎音乐城是他最著名的作品。

巴黎音乐城位于拉维莱特公园的南入口附近，包括一个音乐厅、100 间琴房、15 个音乐教室、一个音乐博物馆和 100 名学生的宿舍。建筑布置及形式考虑到声学上的要求，一部分房屋上有波浪形屋顶。建筑体型既简单又错综复杂。波扎姆帕克主张建筑要不断地重新创造。有的评论家认为波氏获奖是“一个反传统者的胜利”。

拉维莱特公园入口

音乐城边上的拉维莱特公园本身也是一个后现代派作品，方的、圆的、高的、矮的凑在一起，加上墙面使用了大红的颜色，令这个公园入口极其抓人眼球。本来不打算进去的人到这里也忍不住要拐进去瞧瞧。这就是建筑的作用吧。

# 解构主义建筑：一抹亮色

继后现代主义出现后，在建筑界称得上“主义”的恐怕就算解构主义建筑了。

“解构主义”这个词，最先出现在哲学领域。其含义晦涩难懂。简而言之，就是把什么都拆了。有人总结道：“他们的矛头指向传统形而上学的一切领域。所有的既定界限、概念、范畴、等级制度都是应该推翻的。”美国的一位解构主义者比喻得更形象，他说解构主义者就像是把父亲的手表拆散了并使之无法修复的坏孩子。

从历史上看，社会上（文艺、哲学也包括在内）刮什么风，建筑领域里不久就会下什么雨。1988 年 3 月，在伦敦泰特美术馆举办了一次有关解构主义的学术研讨会。会上观看了一些奇奇怪怪的建筑的录像。同年 6 月，纽约大都会艺术博物馆举办解构主义建筑展，展出了七名建筑师的 10 件作品，引起轰动。美国《建筑》杂志 1988 年 6 月号在“编者之页”里写道：“本世纪建筑的第三趟意识形态列车就要开动了。第一趟是现代主

马尔默 HSB 旋转中心

义建筑，第二趟是后现代主义建筑，现在开出的是解构主义建筑。”这位编者暗示解构主义小命不长，他说：“今后几个月，赶在解构主义建筑消失之前，我们和别人还有话说。”

为什么这样说呢？看了解构主义建筑的实例，也许你也会同意他的观点，因为这类建筑太奇特、太扎眼了。要是满大街

马尔默 HSB 旋转中心

都盖上这类东西，非把人都吓疯了不可。当然，少量的有一些，点缀一下我们这个多彩的世界，也未尝不可。

马尔默市是瑞典第三大城市。马尔默的 HSB 旋转中心是一栋商住合一式的建筑物。它的设计理念源于一个名为《扭曲的躯干》（*Twisting Torso*）的白色大理石片雕塑，该雕塑 1999

犹太博物馆

年由西班牙建筑师圣地亚哥·卡洛特拉瓦模仿扭曲的人形制作。大楼于2001年2月14日动工，工期为四年半。2002年3月和8月，该建筑分别完成地基及混凝土浇筑工程。2005年8月27日，大楼正式落成。

整栋大楼高190米（623英尺），54层。大厦的核心是一个直径为10.6米的巨大混凝土管子。其外墙的厚度从最底层的2.5米逐渐向上缩至40厘米。

大楼共分九个区，每个区有五层。每层的方向都跟下面那

犹太博物馆

层不同。而 2800 块外墙板和 2259 块玻璃幕墙均以 1.6° 的角度旋转。其中最高层和最底层的平面成直角。所以看起来整座大楼好像一块毛巾被扭了一圈，因而又有“扭毛巾大楼”之称。

2001 年，在德国首都柏林，一座新的犹太博物馆落成，建筑师是知名的建筑师丹尼尔·利伯斯基（Daniel Libeskind）。

柏林犹太博物馆的新建筑是相当不同于其他博物馆的，因为它并不反映任何功能需求，空间设计不是为了展出文献、绘画或是播放纪录片等，而是将空间本身视作德国犹太人的历史故事来

犹太博物馆

诠释。因此整个博物馆建筑可说是一个介乎建筑和雕塑间的艺术作品。

这座博物馆从空中看来，是一系列由长方体连贯而成的锯齿形曲线。它有着凸起的光光的锐角，像是被压扁的矩形。它象征着充满痛苦和悲伤的扭曲的生命。

博物馆内外充满破碎和不规则的元素，堆积成伤痕累累的民族悲情，无言地向人们诉说着两千年来犹太人和日耳曼人之间难以理清的关系。

丹佛市位于美国科罗拉多州。丹佛美术馆于2007年被一本杂志评为“世界上最新奇的5座建筑”之一。该馆有1.36万平方米（146000平方英尺）的钛金属外衣，于2006年10月开放，也是由建筑师丹尼尔·利伯斯基设计的。

《时代》周刊的评论家Richard Lacayo写道：“丹佛美术馆属于美国建筑学会的150个顶级作品之列。”由于被一些国际著名媒体，如美联社、《波士顿环球报》《纽约人》《时代》周刊等关注后，各种荣誉纷至沓来。

这座用玻璃和金属构成的三角形和多边不规则形组合而成的抽象建筑，成为美国落基山脚下具有标志性的现代建筑，也把丹佛美术馆原有的七层展厅面积整整扩大了一倍。

建筑师弗兰克·盖里（Frank Owen Gehry，1929—）是加拿大人，17岁后移民美国，为著名的解构主义建筑师，以设计具有奇特和不规则曲线造型的建筑物著称。

丹佛美术馆

下面是解构主义建筑的另外三个例子。

一个是迪拜的阿拉伯塔。其实它并不是通常意义上的塔，而是一座饭店。饭店的建设始于 1994 年，并于 1999 年 12 月 1 日正式开放。建筑的外形如同独桅帆船形（一种阿拉伯式帆船）。它建在离海岸 280 米的人工岛上。它的结构采用双层膜形式，造型轻盈飘逸，因此又被称为帆船酒店。

饭店顶部有一个直升机停机坪。在建筑物内部有一个世界上最高的中庭，高 180 米，它以特氟龙涂料玻璃纤维纺织布围绕帆船的“两翼”而成。

虽然该饭店规模庞大，但它只有202间套房。即使最便宜的单人套房也要超过1000美元一晚。最小的套房面积为169平方米（1819平方英尺）。最大套房为780平方米（8396平方英尺）的皇家套房，每个晚上要价28000美元。它建在第25层，有一个电影院、两间卧室、两间起居室、一个餐厅。出入有专用电梯。

阿拉伯塔的设计师是生于1957年的英国建筑师汤姆·赖特（Tom Wright）。他既不是名牌大学毕业，也没有设计过15层以上的建筑。年轻就是大胆。接了这个工程后，他就提出，要在海里为酒店专门建一个人工小岛。

在海里建岛，还要在岛上建高层！这地基怎么处理啊？工程师麦克尼古拉经过精确的计算，先是用钢板桩打入海里，圈成一个围堰，再向底部灌上水泥。在给建筑物挖基础时，钢桩和水泥底居然都安然无恙。

整个建筑的地基则用了摩擦桩，使得沙子不会从建筑物底下溜走。

迪拜 阿拉伯塔

第七讲

# 别具一格的亚洲古代建筑

考古学家发现并认为，全地球的人仿佛都起源于非洲。后来他们往不同方向溜达，有到欧洲的，有到亚洲的。怎么去的至今不清楚，但看得出来欧洲人跟亚洲人早就是出了五服的亲戚了，长相不同、语言不同，尤其身处不同的地域，使得这两支远古时候的亲戚从文化到脾气都大相径庭。说到建筑上，也是各盖各的房，各上各的梁。起码从中国的情况来看，在1840年之前，我们不知道什么叫罗马柱式，也很少用石头盖房子（坟墓除外）。因此对亚洲建筑的介绍，就另立篇章了。

# 印度古代建筑

印度是东半球最古老的文明古国之一，那咱就先看看印度吧。当然，中国也不比他年轻多少，但既然说的是外国建筑，咱们自己的就另说了。

约公元前2300年的时候，印度就出现了摩亨佐·达罗和哈拉帕这两座宏伟的大都市。特别是摩亨佐·达罗城，从现存遗址来看，显然曾经经过严格的规划：全城分成上城和下城两个部分，上城住祭司、贵族，下城住平民；城市的街道很宽阔，拥有很完整的下水道；城里有各种建筑，包括宫殿、公共浴场、祭祀厅、住宅、粮仓等，功能很明确。在那么早的时候就拥有如此成熟的城市，实在令人惊叹。

古代印度大量遗留下来的主要是窣堵波、石窟、佛祖塔等佛教建筑。窣堵波是一种用来埋葬佛骨的半球形建筑，最大的一个是位于印度中央邦首府博帕尔附近的桑吉，距古代马尔瓦地区的名城毗底萨（今比尔萨）西南约8公里。这个桑吉大塔约建于公元前250年孔雀王朝阿育王时代。不过那时候塔比较小，体积仅

桑吉大塔——窣堵波

窣堵波

佛祖塔

及现有大小的一半。如今的那个半球体直径 32 米，高 12.8 米，下为一直径为 36.6 米、高 4.3 米的鼓形基座。半球体用砖砌成，红色砂岩饰面，顶上有一圈正方石栏杆，中间是一座亭子，名曰佛邸。窣堵波周围树有石栏杆，四面正中均设门，门高 10 米，门立柱间用插榫法横排三条石坊，断面呈橄榄形。门上布满浮雕，轮窣上装饰圆雕，题材多是佛祖本生故事。

公元前 2 世纪中叶的巽伽王朝时代，由当地富商资助的一个僧团把桑吉大塔进行了扩建，在大塔覆钵的土墩外面垒砌砖石，涂饰银白色与金黄色灰泥，顶上增建了 1 方平台和 3 层伞盖，底部构筑了砂石的台基、双重扶梯、右绕甬道和围栏，使之具有现在的规模。公元前 1 世纪晚期至公元 1 世纪初叶，安达罗（萨塔瓦哈纳）王朝时代，又在大塔围栏四方陆续建造了南、北、东、西 4 座砂石的塔门。整个桑吉大塔往往被解释成宇宙图式的象征。

在相传为佛祖释迦牟尼悟道的地方——菩提迦耶建有一座庙和一座塔。据说当年佛陀历经六年苦行之后到达这里，在一棵毕钵罗树（又称菩提树）下悟道。250 年后，孔雀王朝的阿育王来此朝圣，并下令建塔，即佛祖塔。此塔始建于公元 2 世纪。13 世纪时伊斯兰军团进攻，佛教徒们用泥土把塔埋了起来，伪装成一座小山，躲过一劫。1870 年被挖出来重新整修。看了佛祖塔，你一定会为佛教徒们的护塔精神所感动：多高的塔呀！不知用了多少天，费了多大力气才埋得住它！

佛祖塔外表为金刚室座式，在高高的方形台基中央有一个高大的方锥体，四角有四座式样相同的小塔，衬托出主体的雕佛。塔身轮廓为弦形，由下至上逐渐收缩，表面布满雕刻。

崇拜伊斯兰教的莫卧儿帝国统治印度时，各地建造了大量清真寺、陵墓、经学院和城堡。这些建筑的形式和规格虽受中亚、波斯的影响，但已具有了独立的特征。穹顶有了很大的改进，清真寺、陵墓多以大穹顶为中心作集中式构图，四角则是体形相似的小穹顶衬托。立面设有尖券的龛，墙体多用紫赭色砂石和白色大理石装饰。广泛使用大面积的大理石雕屏和窗花，建筑轮廓饱满，色彩明朗，装饰华丽，具有强烈的艺术效果。其中最有代表性，也是最辉煌的，要数泰姬·玛哈尔陵了。

泰姬·玛哈尔陵（又称泰姬陵）是世界知名度最高的古迹之一，在今印度距新德里200多公里外的北方邦的阿格拉（Agra）城内，亚穆纳河右侧，是莫卧儿王朝第5代皇帝沙贾汗为了纪念他已故皇后，来自波斯的阿姬曼·芭奴而建立的陵墓。阿姬曼·芭奴美丽聪慧且多才多艺，沙贾汗封她为“泰姬·玛哈尔”，意思是宫廷的皇冠。她入宫19年，为皇帝生了14个孩子后香消玉殒。这位皇帝是个情种，一夜之间白了头发。有一种说法认为，本来他还在不远的地方为自己设计了一个形状相似，然而全黑的陵墓。后因种种原因没建，可惜了。如果建成了，我是无论如何都要去看看的，这一个已经太美了。可我丈夫嫌印度热，老是拖着不肯去。

说到这儿，不免要唠叨几句印度的宗教了。在印度，大多数人都信着某一个教。信徒最多的是印度教，占总人口的80%。这个教是公元前16世纪雅利安人刚来时创立的。公元8世纪，阿拉伯帝国入侵印度，于是伊斯兰教传入。10世纪后，北方各王朝多信伊斯兰教，尤其是莫卧儿王朝。大量的伊斯兰风格建筑就是这会儿留下的。

泰姬陵于1631年（也有说1632年的，大约是不同的日历吧）开始动工，历时22年，每天动用2万役工。除了汇集全印度最好的建筑师和工匠，沙贾汗还聘请了中东、伊斯兰地

泰姬陵

区的建筑师和工匠，更是耗竭了国库（共耗费 4000 万卢比），从而导致莫卧儿王朝的衰落。泰姬陵刚完工不久，奥朗则布（Aurangzeb）弑兄杀弟篡位成功，作为老爸的沙贾汗本人也被囚禁在离泰姬陵不远的阿格拉堡的八角宫内。此后整整 8 年的时间，沙贾汗每天只能透过小窗，凄然地遥望着远处河里浮动的泰姬陵倒影，后来因长期看这个，沙贾汗的视力恶化，仅借着一颗宝石的折射，来观看泰姬陵，直至最终忧郁而死。幸亏还算懂事的后人在沙贾汗死后将他合葬于泰姬陵内他的爱妃泰姬的身旁，让他不至于太孤单。

泰姬陵整个陵园是一个长方形，长576米，宽293米，总面积为17万平方米。四周被一道红砂石墙围绕。正中央是陵寝，在陵寝东西两侧各建有清真寺和答辩厅这两座式样相同的建筑，两座建筑对称均衡，左右呼应。陵的四方各有一座尖塔，高达40米，内有50层阶梯，是专供穆斯林阿訇拾级登高的。大门与陵墓由一条宽阔笔直的用红石铺成的甬道相连接，左右两边对称，布局工整。在甬道两边是人行道，人行道中间修建了一个“十”字形喷水池。

泰姬陵的建筑群总体布局很简明，陵墓是唯一的构图中心，它不像胡玛雍陵那样居于方形院落的中心，而是居于中轴线末端，在前面展开方形的草地，因之让人有足够的观赏距离。建筑群的色彩沉静明丽，湛蓝的天空下，草色青青，衬托着晶莹洁白的陵墓和高塔，两侧赭红色的建筑物把它映照得格外如冰如雪。倒影清亮，荡漾在澄澈的水池中，当喷泉飞溅水雾四散时，景象尤其迷人。为死者而建的陵墓，竟洋溢着乐生的欢愉气息。

另一特点是构图稳重舒展。你看，宽阔的台基和主体约略成一个方锥形，但四座塔又使轮廓空灵，同青空相穿插渗透。陵寝建筑体形极简练，各部分的几何形状明确，没有含糊不清的东西。它的比例和谐，主要部分之间有大体相近的几何关系，主次之间大小、高低、粗细也各得其宜。中央的穹顶统率全局，尺度最大；正中凹廊是立面的中心，尺度其次；两侧和抹角斜面上凹廊反衬中央凹廊，尺度第三；四角的共事尺度最小，它们反过来衬托出中央的阔大宏伟。此外，大小凹廊造成的层次进退、光影变化、虚实对照，大小穹顶和高塔造成的活泼的天际轮廓，穹顶和发券柔和的曲线，等等，使陵墓于肃穆的纪念性之外，又具有开朗亲切的性格。

庭院的布局同样颇具匠心。陵园分为两个庭院：前院古树参天，奇花异草芳香扑鼻，开阔而幽雅；后面的庭院占地面积最大，十字形的宽阔水道交汇于方形的喷水池。喷水池中一排排的喷嘴，喷出的水柱交叉错落，如游龙戏珠。后院的主体建筑，就是陵墓。陵墓的基座为一块高 7 米，长、宽各 95 米的正方形大理石。象征智慧之门的拱形大门上，刻着《古兰经》。中央墓室放着泰姬和沙贾汗的两具石棺，宝石闪烁。

泰姬陵最引人瞩目的是用纯白大理石砌建而成的主体建筑，上下左右工整对称，边长近 60 米，中央圆顶高 62 米，令人叹为观止。四周有四座高塔，塔与塔之间耸立着镶满 35 种不同类型宝石的墓碑。陵园大门也用红砂石砌建，大约两层高，门顶的背面各有 11 个典型的白色圆锥形小塔。大门一直通往沙贾汗和爱妃的墓室，室中央则摆放着石棺，庄严肃穆。

这个伟大的建筑告诉了世人：谁说没有永恒的爱情？请看泰姬陵。

从公元 10 世纪起，印度各地大量建造婆罗门教庙宇。形式和规格都参照农村的公共集会建筑和佛教的支提窟，用石材建造，采用梁柱和叠式结构。它们完全被当作雕塑来建造，不反映建筑物各部分的实际功能和结构逻辑。不仅墙和屋顶混为一谈，甚至把屋顶当成了一块布满雕塑的纪念碑。对于婆罗门教的庙宇来说，它们既是神的屋子，也是神本身。

建筑形式各地不同：北部的寺院体量不大，有一间神堂和一间门厅，都是方形平面，共同立于高台基上。门厅部分的檐口水平挑出，上为密檐式方锥形顶，最上端是一个扁球形宝顶。神堂上面是一个方锥形高塔，塔身密布凸棱，塔形曲线柔和，塔顶也是扁球形宝顶。作为一间圣殿，神堂四方正方位开门。

有一座神庙值得一提。科纳克太阳神庙（Konark Sun Temple），位于孟加拉湾附近的科纳克，离加尔各答400公里。太阳神庙由13世纪的羯陵伽国王建造，用以庆祝在与穆斯林的战斗中取得的胜利。科纳克太阳神庙表现太阳神苏利耶驾驶战车的形象。24个车轮代表一天24个小时，饰有字符图案；7匹马代表着一周7天。该庙的主殿内设有三尊由黑石雕成的太阳神：正面对着庙门的是印度教中的创造神梵天（代表朝阳），在两侧的是保护神毗湿奴（代表正午的太阳）和破坏、再造神湿婆（代表夕阳）。每天清晨从海上升起的第一束朝阳便映射在太阳神头上，直至日落时分，阳光始终照在这三尊太阳神的身上。

走进太阳神庙，迎面是青石砌成的舞厅，虽然现在只残留着3米多高的基墙，墙壁上面雕刻着众多人物，舞姿多变，神情各

科纳克太阳神庙

科纳克太阳神庙

异。主殿造型奇特，看上去犹如一辆巨大的战车，是用红褐色的石头雕砌而成的。主殿长约 50 米，宽约 40 米，墙壁厚 2 米。战车共有 24 个巨轮，每个轮子的直径大约有 2 米，上面刻有精美的花纹，还有 8 根粗大的楔形辐条。战车外表刻满了花纹图案和雕像，有各种神像和传说中的人物像，也有表现打猎、做生意、讲学、打官司、牛拉车、妇女烹调、拔河比赛、士兵回家等民间社会生活场景的种种画面。

而在雕像中数量最多、最引人瞩目的，还是那些表现宫廷中

科纳克太阳神庙内的雕像

生活豪华奢侈、挥霍无度场景的浮雕，有的人物比真人还要大，情态生动逼真。车轮下面是主殿的基墙，四壁刻满了 1452 只形态不同的大象，一头接着一头，首尾相连，面朝战车行进的方向。有一些图案，国王自己骑在大象的背上，仆人架着遮阳伞。战士们拿着刀剑盾牌，赶着大象和马去作战。鹿被猎人追赶或是被射杀在森林中。有一幅老妇朝圣的图案是被认为最为动人的，她正在为她的儿子祝福，而她的儿媳妇拜在她脚下，她的孙子靠着她。神庙墙上的中间一排雕塑表现了许多奇形怪状的东西，有不同形态的男女。最上面一排雕塑表现了许多不加掩饰的性爱场面，从另一方面表现出当时人们的解剖学知识。比如，一幅是男人提起女人而女人抱住男人的脖子的场景，肌肉的收缩恰到好处，这要是没有深奥的解剖学知识是雕不出来的。

建造圣殿地板的材料是绿泥石。地板略略向北倾斜，因为那里有一条排水沟。圣殿的四周向内倾斜，用一块巨石封顶作为天花板。它被雕成一朵直径 1.52 米的盛开莲花。每一片花瓣上都雕有一个舞女和坐着七匹马拉战车的苏利耶，苏利耶的手里拿着两枝莲花。由于整个圣殿的跨度非常大，许多直径0.23 米、不少于 12.19 米长的铁质横梁被用来支撑。这些横梁先是被制成许多小零件，后来再锻造在一起。在神庙的内墙没有任何雕刻，也没有涂过灰泥。

再有一座著名的大庙是康达立耶 - 马哈迪瓦庙。这是印度北方最著名的印度教庙宇。它独立在旷野中，体现了印度教庙宇没有院落的典型特征。庙宇主要包括大厅、神堂和高塔，塔高 35 米，遵照轴线对称挺立在高高的台基上。方形的大厅是死亡和再生之神湿婆的本体，密檐式的顶子代表地平线。作为性力派的庙宇，高塔塔身充斥着以性爱为主题的雕刻，充满了放纵的淫乐气氛。

有一点令我百思不得其解：印度那么热的地方，婆罗门建筑上密密麻麻的雕塑看着不燥得慌吗？这一点当时在学校忘了问老师了。

# 日本古代建筑

日本大部分地区气候温和，雨量充沛，盛产木材。木架草顶是日本建筑的传统形式。房屋采用开敞式布局，地板架空，出檐深远。居室小巧精致，柱梁壁板等都不施油漆。室内木地板上铺设垫层，通常用草席做成，称为“叠席”（汉语音译“榻榻米”），坐卧起居都是盘着腿坐在上面。其实咱们汉人的祖先就是坐在席子上的。可咱们的祖宗早就认为这个姿势有碍腿部生长。从南北朝起，就引进了胡人的小凳子——“马扎”。听这名字就知道这是骑马民族的物事。汉人图舒服，给马扎加了靠背扶手。后来，到了宋朝，人们还嫌腿窝得慌，就把它增高至如今的椅子、凳子的样子。可惜日本人跟中国来往密切在唐朝，椅子之类的东西就没搬了去。

古代日本的风俗，是一屋只住一代，下一代另建新屋居住。持统女皇（686—697 年在位）以前，皇室也是每朝都营新的宫殿。所谓宫殿，也就是大一些的木屋而已。

钦明天皇（539—571 年）在位时，随着中国文化的影响和

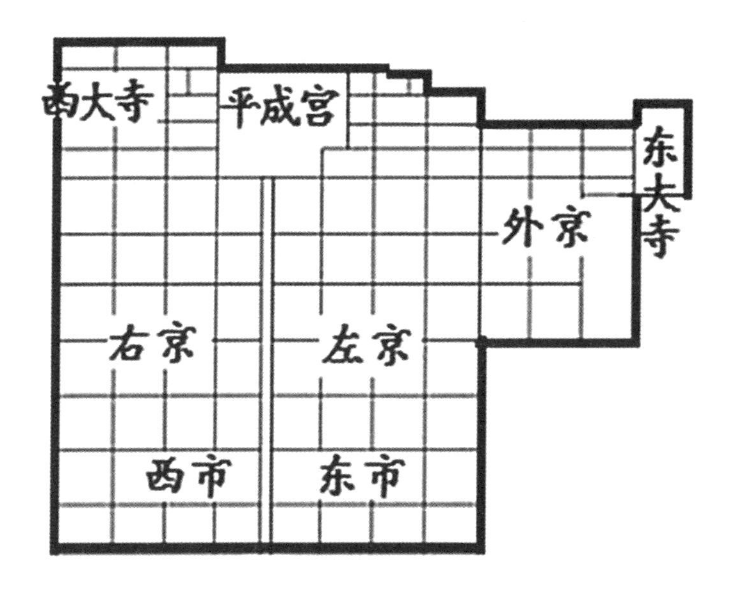


平城京平面图

佛教传入，日本建筑开始采用瓦屋面、石台基、朱白相映的色彩以及有举架和翼角的屋顶，出现了宏伟庄严的佛寺、塔和宫室，住宅和神社的建筑式样也发生了变化。

日本是世界上最好学的：文字，从中国学的；建筑，从中国学的；相机，从瑞士学的；汽车，从德国学的。就连趿拉板，恐怕也是从晋文公那里学的吧。不过学了以后，做得比老师好，正是青出于蓝而胜于蓝。

古代日本比较有模有样盖点房子的要算奈良了。奈良时代的都城平城京受长安、洛阳影响最明显。平城京位于奈良盆地北部，东西 4.2 公里，南北 4.8 公里，面积 20.2 平方公里，约为唐长安的四分之一。自公元 710 年建都起，作为都城历时 70 余年，是日本吸收长安、洛阳规划的经验并结合自己实际情况所建的都城。

平城京的布局采用长安的模式，把宫城建在城区中轴线的北端，宫南建主街朱雀大路，宽 72 米，南抵南面的城门罗城门。朱雀大路两侧对称地各辟三条南北向小街，八条东西向小街，各划分为三十六个小格，全城共七十二格。除北端的宫城占四格外，其余布置坊市。在大路以东的称左京，大路以西的称右京。这些由小街划分成的格都是正方形，边宽 530 米，格间小街宽约 24 米。每一格内由三横、三纵共六条宽约 4 米的小巷划分为十六小块，每块称“坪”。一般住宅只占十六分之一坪，而贵族巨邸有占至 4 坪的。平城京只南面中间筑有一小段城墙，朱雀大路南端建城门，名罗城门。其余东、西、北三面均无城墙，只以方格外侧之街道为界。

可能因为地形的缘故，这块平面缺棱缺角的，远不如元大都方整。

奈良的法隆寺，又称斑鸠寺，位于日本奈良县生驹郡斑鸠町，是圣德太子于飞鸟时代建造的佛教木结构寺院，据传始建于 607 年。

法隆寺占地面积约 19 公顷，分为东西两院，西院伽蓝有金堂、五重塔、山门、回廊等木造结构建筑。伽蓝是现存最古

金堂

老的木构建筑群。东院建有梦殿等。法隆寺被称为飞鸟样式的代表。

西院位于从南大门进入后正面稍微高出一段的地方。进入伽蓝右为金堂，左为五重塔，外围“凸”字形回廊。回廊正南面开中门、中门左右延伸出的回廊与北侧大讲堂左右相接。回廊途中“凸”字形的肩部东有钟楼、西有经藏。以上伽蓝称为西院伽蓝。金堂、五重塔、中门、回廊非圣德太子在世时原物而是7世纪后半叶再建，但却是世界现存最古老的木造建造物群。

主要建筑金堂，为重檐歇山顶佛堂。其实上层并没有房间，将屋顶设为二重是为了外观的气派。金堂的斗拱称为云斗、云肘木，是多用曲线的独特款式。此外，二层的“卍”字形扶手及其支撑起来的“人”字形束也很独特。这些特色是仅能在法隆寺金堂、五重塔、中门等处才能见到的样式，是日本7世纪建筑的特色。

支撑第二重屋檐的四方雕刻有龙的柱子，这是为了强化建筑构造在镰仓时代进行修理时附加的。金堂的壁画是日本佛教绘画的代表作。

法隆寺中的五重塔类似楼阁式塔，但塔内没有楼板，平面呈方形，塔高31.5米，塔刹约占1/3高，上有九个相轮，是日本最古老的塔，属于中国南北朝时期的建筑风格。塔的特色是底层到顶层的房檐缩得很快，第五重顶层房檐的一边只有底层房檐的一半左右。五重塔内部也有壁画，可惜剥落严重。

唐招提寺是著名古寺，位于日本奈良市西京五条町，为公元759年中国唐朝高僧鉴真第6次东渡日本后所建。最盛时曾有僧徒3000人。有金堂、讲堂、经藏、宝藏以及礼堂、鼓楼等建筑物。其中金堂最大，以建筑精美著称，内有鉴真大师坐像。金堂、经藏、鼓楼、鉴真像等被誉为国宝。国内外旅游者众多。

# 跋

小时候看书，发现凡重要著作大都有“跋”。于是乎得到一个印象：有“跋”的书比没“跋”高级。为了显着高级，我就也跋一小把。

头一样要跋的是惶恐。在写书的过程中，常常有不明白的问题。比如说：罗马万神庙的穹顶当中开了一个大圆洞。下雨怎么办？婆罗门建筑上密密麻麻的都是些浮雕，在那么热的地方，不显得燥吗？可惜，这些问题当年做学生时都没问老师。如今一下笔，顿觉自己好似生瓜：蒂还没落，瓜就自己落了地。无奈，只好边写书边补课。幸亏有网可以随时查。于是弄俩电脑：这边写着，那边查着。有时连某人的生辰都要查一下，唯恐书上写错了，让他妈妈早产了。

第二样想跋的是，外国人跟咱们中国人真不一样。无论情感还是爱好，都是大起大落的。既有像斗兽场那么残酷血腥的去处，也有如泰姬陵那么柔情似水的建筑。中国建筑无论皇宫还是庙宇、民宅，看上去都差不多一个模样，很平和，很稳重，如同中国人。

# 参考文献

[1] 陈志华 . 外国建筑史（19 世纪末叶以前）.4 版 [M]. 北京：中国建筑工业出版社，2010.

[2] 罗小未 . 外国近现代建筑史 .2 版 [M]. 北京：中国建筑工业出版社，2004.

[3] 罗小未 . 外国建筑历史图说：古代十八世纪 [M]. 上海：同济大学出版社，1998.

[4] 刘松茯 . 外国建筑历史图说 [M]. 北京：中国建筑工业出版社，2008.

[5] 佐藤达生 . 图说西方建筑简史 [M]. 计丽屏，译 . 天津：天津人民出版社有限公司，2018.

[6] 苏华 . 图说西方建筑艺术 [M]. 上海：上海三联书店，2008.

[7] 梁思成 . 梁思成图说西方建筑 [M]. 北京：外语教学与研究出版社，2014.

[8] 佩罗 . 古典建筑的柱式规制 [M]. 包志禹，译 . 北京：中国建筑工业出版社，2016.

[9] 铃木博之，伊藤大介，高原健一朗，等 . 图说西方建筑风格年表 [M]. 沙子芳，译 . 北京：清华大学出版社，2013.

[10] 赖特 . 赖特论美国建筑 [M]. 姜涌，李振涛，译 . 北京：中国建筑工业出版社，2004.